圈养野生动物技术系列丛书

褐马鸡
饲养管理指南

BROWN EARED-PHEASANT
HUSBANDRY GUIDELINE

张丽霞　贾婷　主编

中国动物园协会
北京动物园管理处
组编

中国农业出版社
北　京

图书在版编目（CIP）数据

褐马鸡饲养管理指南 / 张丽霞，贾婷主编；中国动物园协会，北京动物园管理处组编 . -- 北京：中国农业出版社，2024. 10

（圈养野生动物技术系列丛书）
ISBN 978-7-109-31320-0

Ⅰ . ①褐⋯ Ⅱ . ①张⋯ ②贾⋯ ③中⋯ ④北⋯ Ⅲ . ①马鸡属－饲养管理－指南 Ⅳ . ①S864.5-62

中国国家版本馆 CIP 数据核字（2023）第 209746 号

褐马鸡饲养管理指南
HEMAJI SIYANG GUANLI ZHINAN

中国农业出版社出版
地址：北京市朝阳区麦子店街 18 号楼
邮编：100125
责任编辑：周锦玉
版式设计：王 晨 责任校对：吴丽婷
印刷：中农印务有限公司
版次：2024 年 10 月第 1 版
印次：2024 年 10 月北京第 1 次印刷
发行：新华书店北京发行所
开本：880mm×1230mm 1/32
印张：6.5 插页：6
字数：180 千字
定价：48.00 元

本书编写人员

主　　编　张丽霞
　　　　　贾　婷
副　主　编　晁青鲜　张成林　周军英
编　　者　（以姓氏笔画为序）
　　太原动物园：王建红　邢晓旭　任倩俐　刘　向　刘　珑
　　　　　　　孙乐天　苏琳荣　李金邦　李亮亮　杨冬冬
　　　　　　　张　丽　张丽霞　皇甫冰　姚　丽　梁　艳
　　　　　　　冠利花　董耀泽　焦瑞芝
　　北京动物园管理处　圈养野生动物技术北京市重点实验室：
　　　　　　　王子涵　卢　岩　由玉岩　李　静　张　欢
　　　　　　　张　敬　张成林　张艳珍　罗　毅　周　娜
　　　　　　　郑常明　赵素芬　胡　昕　柏　超　贾　婷
　　　　　　　席　帆　蒋　鹏　普天春　滑　荣
　　河北小五台山国家级自然保护区管理中心：甄伟
　　中国动物园协会：周军英
　　北京师范大学生命科学学院：张正旺
　　南京师范大学生命科学学院：王鹏程

彩图提供 （以姓氏笔画为序）

太原动物园：苏琳荣　李亮亮　张丽霞　张沛沛　郝竹梅
　　　　　　皇甫冰　姚　丽　黄晓宁　焦瑞芝　樊丽萍

北京动物园管理处：张　敬　胡　昕　贾　婷

河北小五台山国家级自然保护区管理中心：忻富宁　甄　伟

北京师范大学生命科学学院：伍　洋　张正旺

南京师范大学生命科学学院：王鹏程

内蒙古集宁一中：张建志

顾问　卫泽珍

校对　由玉岩

丛书序

　　1906 年，北京西郊建立的"万牲园"饲养、展示狮子、猕猴等野生动物，成为我国动物园的雏形，也是北京动物园的前身。20 世纪 50 年代是我国动物园建设首个高峰期，许多城市开始兴建动物园。70—80 年代是我国动物园建设的第二个高峰期，各个省会城市基本都建设了动物园。20 世纪末，野生动物园在国内出现，以散养、混养、车览模式展示了大批国外及国内物种，且国内开始建设海洋馆，出现了第三个动物园发展高峰。21 世纪以来，以动物园为中心的综合旅游项目越来越多，成为拉动地方经济、文化发展的重要动力。目前，我国几乎各大主要城市乃至经济发达的小型城市都有了动物园，城市动物园的数量近 300 家，还有数百个海洋馆、野生动物园、专类公园等。另外，个人饲养野生动物也越来越多，成为不可忽视的现象。

　　20 世纪 50 年代，北京动物园邀请苏联专家讲授动物园的经营管理知识、野生动物饲养技术，这是我国动物园首次系统接受现代动物园的理念和知识。60 年代初期，北京动物园成立了专门的科学技术委员会，开始了野生动物饲养繁殖技术研究，积累了大量野生动物饲养管理、疾病防治经验。70 年代，我国动物园行业建立了科技情报网，整理印刷了《中国动物园年刊》《中国动物园通讯》等，加强了动物园之间的技术交流。改革开放后，随着国际人员、技术、动物交流的增加，环境丰容、动物训练等理念被吸收进来。中国动物园协会、中国野生动物保护协会通过举办各种专业技术培训班，加强了大家对野生动物的认识，进一步提高了动物园的技术水平，促进了动物园行业的发展。

改革开放以来，国内动物园的规模不断发展，圈养野生动物技术水平也在不断提高。随着我国经济水平的提高，动物园的经营理念也随之发展，迁地保护、休闲娱乐、科普教育、科学研究等功能得到不同程度的体现，动物福利、动物种群理念也进入管理工作中。但是，我国动物园仍处于现代动物园初级阶段，专业的保育人员、技术人员、管理人员严重不足，缺乏系统的技术知识；仍以粗放型、经验型管理为主；动物福利保障与展示需要之间存在矛盾；保护动物意识有待进一步加强，展出的本土动物种类和数量需要增加。因此，如何进一步提高动物园动物饲养展示技术和野生动物保护水平，成为目前我国动物园行业发展的重要任务。

2014年北京动物园申报获批了北京市科学技术委员会"圈养野生动物技术北京市重点实验室"，开展野生动物繁殖、营养、疾病防治、生态保护等研究。近年来，许多动物园也相继成立了野生动物技术研究和野生动物保护机构。互联网、多媒体技术的快速发展和应用，为信息技术获取和交流提供了技术支持，为提高圈养野生动物技术打下了良好的基础。

北京动物园、圈养野生动物技术北京市重点实验室积极总结国内动物园成功的经验，吸收国际动物保护新理念、新技术，组织相关领域专家编写"圈养野生动物技术系列丛书"，丛书涵盖了圈养动物的饲养繁殖、展示、丰容训练、行为训练、疾病防治、健康管理、保护教育、生态研究等内容。相信丛书的出版能够对提高我国动物保护水平、促进动物园行业发展起到积极的作用。

北京动物园愿意与大家合作，建立国内圈养野生动物技术体系，为我国动物园行业发展、为野生动物保护贡献自己的力量。

圈养野生动物技术丛书编委会

2023 年 12 月

序

　　褐马鸡是我国的一种特有鸟类，数量稀少，被世界自然保护联盟列入全球濒危物种红色名录，在我国为国家一级重点保护野生动物。这种鸟古代称为"鹖"，繁殖期间为保护自己的领域，它们会勇敢地与入侵者发生激烈的搏斗。因此《禽经》中曾有这样的描述："鹖，毅鸟也，毅不知死。"从汉武帝时起，就有用褐马鸡的尾羽装饰武将的帽盔，用以激励将士奋勇杀敌。

　　褐马鸡是典型的森林鸟类，主要以植物的叶、嫩茎、幼芽、花蕾、浆果、种子等为食，也吃少量动物性食物和菌类。其分布和数量，可以反映我国华北地区森林生态系统的健康程度。人类活动的影响，特别是森林的采伐、矿山开采以及各种工程建设导致褐马鸡适宜栖息地面积不断减少，生境片段化严重，再加上非法捕猎、捡拾鸟蛋和人类活动的干扰，直接威胁着褐马鸡的生存和繁衍。为了保护褐马鸡，我国自 20 世纪 80 年代开始，在山西、河北、北京、陕西建立了 10 多个以褐马鸡为主要保护对象的自然保护区，山西省人民政府还将褐马鸡确定为"省鸟"。历经 40 多年，我国褐马鸡的保护工作取得了显著成绩，褐马鸡的分布区范围正在不断扩大，野生种群数量呈现不断增长的趋势。但是由于褐马鸡的遗传多样性依然非常低，因此在未来相当长一段时间内，继续加强对这种珍稀雉类的保护具有十分重要的意义。

　　迁地保护是鸟类保护的一条重要途径，通过饲养繁殖和野化放归可以拯救一些濒危物种。我国动物园饲养褐马鸡始于 20 世纪

70 年代，经过多年的努力，掌握了这种珍稀鸟类的生活习性，建立了饲养繁殖技术，积累了疾病防治经验，实现了在人工饲养条件下产卵、孵化和育雏的成功。到 2020 年，我国圈养褐马鸡的数量已经超过 120 只，主要饲养在 5 个动物园和 2 个自然保护区内，其中太原动物园饲养有 80 余只，是国内最大的褐马鸡人工圈养种群。

近年来，中国动物园协会物种种群管理工作委员会所开展的圈养野生动物种群管理工作，为国内动物园研究濒危物种繁育技术、分享饲养管理经验提供了良好的机会。在北京动物园圈养野生动物技术北京市重点实验室的组织下，有关技术人员整理编写"圈养野生动物技术系列丛书"，《褐马鸡饲养管理指南》是该系列丛书之一。本书全面地介绍了褐马鸡的生物学特性、生存环境、种群状况、饲养管理、繁殖技术、疾病防治等方面的科学知识和技术要点，并结合实际需求，增加了通过基因测序进行褐马鸡性别鉴定的技术。

《褐马鸡饲养管理指南》是一本科学性和实用性都很强的管理指南。祝贺这本著作的出版！我相信，本书的出版能对我国褐马鸡人工圈养种群的规范管理及迁地保护工作提供帮助，同时也将对我国其他珍稀雉类的饲养管理起到示范和推动作用。

北京师范大学教授
世界雉类协会副会长

2024 年 5 月

前言

　　褐马鸡为中国特有鸟类，目前仅分布在山西、陕西、河北、北京的部分地区，分布范围狭小，栖息地破碎化严重，三个地理种群间存在地理隔障；褐马鸡为大型留鸟，不善飞翔，只沿着山脉进行垂直迁徙；多年的隔离和进化，导致褐马鸡种群内部遗传多样性低，体内存在有害基因。这些因素都严重制约了褐马鸡的种群扩大。

　　作为国家一级保护动物，褐马鸡对饲养环境要求高，人工饲养繁育难度大，可参考资料少。很多单位没有褐马鸡，或者所饲养的褐马鸡数量少，不能正常繁殖。

　　2013年中国动物园协会（以下简称"协会"）确定了对包括大熊猫、褐马鸡在内的十个物种进行种群管理。本书编者作为褐马鸡谱系保存人，在2010年北京动物园崔多英博士调查的基础上，每年对协会会员单位人工饲养的褐马鸡进行谱系调查、更新，并由协会统一发布"褐马鸡谱系簿"；同时，于2019—2020年对我国圈养褐马鸡饲养状况进行问卷调查，调查收到了所有饲养单位的回复。本书采用的圈养种群的数据和资料，均来自这些年的积累。在这些数据逐年积累过程中，本书编者团队得到了每个褐马鸡饲养单位谱系人员以及调查问卷回复人员及时、准确、认真的回复，在此对他们的辛苦和支持表示真诚的感谢！

　　在本书成书过程中，编写团队参考了大量的文献资料，同时得到了很多同行人员，如世界雉类协会 John Corder 先生、中国动物园协会于泽英秘书长、北京师范大学张雁云教授等的悉心指导，在此表示衷心的感谢！

　　由于褐马鸡数量稀少，在研究深度和广度上远不如家禽，在实际饲养过程中，褐马鸡与家禽一样都有食粒性，都喜欢洗沙浴，所以本书在很多地方引用了家禽或其他物种的资料作为参考和辅助。很多家禽方面的资料，在褐马鸡上并未得到试验证实，请读者在具体实践中自行斟酌参照。

　　目前，太原动物园拥有全国最大的褐马鸡圈养种群，北京动物园拥有全国野生动物行业最强的技术力量，在协会组织下，两家单位通力合作编写了本书，期望为褐马鸡等珍贵雉鸡类饲养管理提供技术参考，为褐马鸡等珍稀物种的饲养管理和种群发展提供有益的帮助。

　　太原动物园、北京动物园、中国动物园协会在本书的完成过程中给予了重要帮助，在此一并致谢！

　　由于编者水平有限，难免有不妥之处，请读者指正！

编　者

2024 年 5 月

目 录

第一章
生物学特性

第一节 │ 分类及形态特征

一、 名称

中文名：褐马鸡

英文名：brown eared-pheasant

学名：*Crossoptilon mantchuricum*

俗名：角鸡、角雉、青风、耳鸣、蒲鸡、褐鸡、耳鸡、黑雉、鹖鸡

二、 分类

目：鸡形目（Galliformes）

科：雉科（Phasianidae）

属：马鸡属（*Crossoptilon*）

种：褐马鸡（*Crossoptilon mantchuricum*）

亚种：目前无

三、 保护级别

褐马鸡是我国特有珍稀鸟类，国家一级重点保护野生动物，在世界自然保护联盟（IUCN）濒危物种红色名录中被列为"易

危"物种，并被列入濒危野生动植物种国际贸易公约（CITES）附录Ⅰ物种，山西省省鸟，曾被定为我国候选"国鸟"之一。

四、 形态特征

褐马鸡体型与家鸡相当。成年褐马鸡体长 90～108cm，体重 1 800～2 500kg，雄鸡距长 1～2.3cm（彩图 1）。褐马鸡身体羽毛大部分呈深褐色，有金属色光泽；眼围和两颊均裸出，无羽毛，呈红色，颊部和耳羽为白色，喙粗短而尖、呈粉红色（褐马鸡头部特写见彩图 2），脚趾珊瑚红色。耳羽两边向头环抱，延长呈角状。腰羽和尾羽基部覆盖着银白色羽毛。尾羽末端黑色或黑而泛紫，有蓝色的金属光泽。居中央的 4 枚尾羽长而弯曲，羽干两侧的羽支分离而呈线状，垂如柳枝；其他尾羽蓬松披散，曲长如发，披散下垂（彩图 3）。因其体羽为褐色，尾羽状如马尾，故此得名"褐马鸡"。褐马鸡翼长约占体长的 1/3，不善飞行，只能从山上向下滑翔式飞行；两腿粗壮，善于奔跑。

褐马鸡属于单态型鸟类，雌雄个体不易区分，大多数雄鸡比雌鸡体高、腿长、腿粗、头大。雌雄个体主要区别是成体雄鸡跗跖上有明显突出的距，雌鸡不明显（冀继源，1999）。

第二节 | 生理特性

一、 骨骼结构

褐马鸡的骨骼系统分为躯干骨、附肢骨、带骨及颅骨。躯干骨分为脊椎、胸骨和肋骨；附肢骨及带骨包括前肢骨、后肢骨、肩带、腰带；颅骨包括枕区、顶区、围眼区、围耳区及下颌。

1. 躯干骨 脊椎骨通常包括 15 枚颈椎、6 枚胸椎、5 枚腰椎和 15 枚尾椎。颈椎除了第一枚特化成寰椎，第二枚特化成枢椎外，其余均为游离的异凹型椎体，椎骨由前向后逐渐变长、变粗呈 S 状，从而增大颈部的活动性。胸椎有较发达的横突与肋骨相连，椎弓上棘突很发达，连接起来形成沿纵轴走向的直立骨板，下棘突也相应较大，并连成一前宽后窄的骨板；最后一枚肋椎和综荐骨愈合在一起，同时其横突和肋骨的近端部分与髂骨的前端部分愈合。最后 1 枚胸椎与 5 枚腰椎、2 枚荐椎及前 5 枚尾椎整个愈合成综荐骨。6～11 枚尾椎游离，有较大的横突和上棘突，最后 4 枚尾椎愈合成一个三棱柱状、很小的骨板（尾综骨）。

胸骨向内凹进，骨板宽阔，龙骨突不明显，所以褐马鸡不善于飞翔；胸骨两侧缘有 4 个供肋骨固定的关节；胸骨体向后形成 1 对半卵圆形"窗"。

胸肋是扁平而弯的薄板，由背腹两部分构成；在肋骨背端上有一向后的钩状突伸出，肋骨上端分叉成为 2 个关节突，位于背侧的肋骨结节和位于腹侧的肋骨小头。

2. 附肢骨和带骨 前肢骨包含 1 对粗大的肱骨，近端与肩胛部相连，远端有 2 处与前臂骨相连。前臂外侧为粗大的尺骨，内侧为细直的桡骨，往末端依次为呈短柱状的桡侧腕骨和尺侧腕骨，远侧腕骨和掌骨愈合为 1 短、2 长且平行排列的 3 枚腕掌骨，末端有 3 指，第一指 1 枚骨，第二指 2 枚骨，第三指 1 枚骨。

肩带完全骨化，由 1 对肩胛骨、1 对喙状骨和 1 对锁骨组成。其中，肩胛骨在背方呈镰刀状向后延伸，位于胸肋外侧，可以在胸肋外侧上下滑动。喙状骨后端紧紧顶住胸骨的前方，前端和肩胛骨、锁骨相连，形成肩臼，与肱骨相连。锁骨为 2 个喙状骨（鸟喙骨）间的 1 对稍细的棒状骨，其下端联合在一起形成叉状（图1-1）。

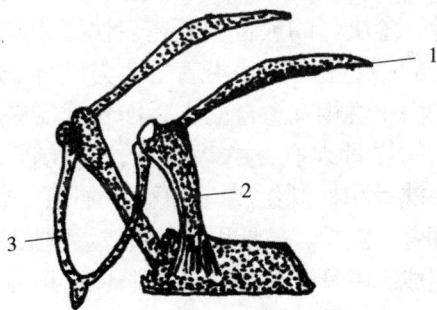

图 1-1 褐马鸡的肩带胛
1. 肩胛骨 2. 喙状骨 3. 锁骨
（引自温江等，1995）

腰带由髂骨、坐骨、耻骨 3 对骨组成，其中髂骨位于背方，是与荐椎横突、综荐骨紧密联合的一块宽大的骨头。髂骨沿脊椎两侧一直向前延伸于综荐骨处。在髂骨两侧向下伸出2块似三角形的骨头为坐骨，坐骨下缘为细条状耻骨，耻骨远端为游离的。坐骨、耻骨和鞍在外侧形成髋臼。坐骨本身有个孔叫窗，坐骨同耻骨在髋臼后下方形成一闭孔。

后肢骨股部由股骨构成，其近端与髋臼形成关节，远端与胫部骨形成关节；股骨与胫骨向关节前侧有一椭圆膝盖骨。胫部有2骨，分别为粗大的胫骨和细小的腓骨，胫骨远端固定，同跗骨近侧的2块愈合而成的胫跗骨相连。跗骨的远端与全长愈合在一块的距骨成分相愈合成一长骨叫跗跖骨。末端便是趾骨，第一趾向后有2枚趾骨，第二趾2枚，第三趾4枚，第四趾4枚，雄性在跗跖骨处有一向内突出的锥形距（图1-2）。

3. 颅骨 颅骨为窄底型，巨大的眼眶被很薄的眶间隔隔开，脑颅宽大，同时颅骨前端部分伸长成喙，颅骨较薄，各块骨的愈合很紧密。枕区在脑颅的后壁上有1个沿着垂直方向伸长的由4块相互愈合的枕骨所构成的较大的枕骨大孔，由基枕骨、外枕骨、上枕骨和枕髁组成。顶区由顶骨、顶间骨、额骨、鼻骨和鳞骨组成。围眼区由泪骨、翼蝶骨和眶蝶骨组成。围耳区由前耳骨、上耳骨和后耳骨组成。颅底观由基蝶骨、前蝶骨、吻骨、犁骨、方骨、腭骨和翼骨组成。侧面观由颌间骨、上颌骨、轭骨、中筛骨组成。下颌由齿骨、关节骨、角骨和上角骨组成（温江等，1995）。

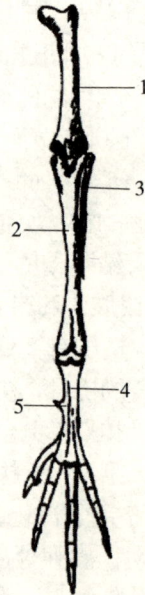

图1-2　雄性褐马鸡的
后肢骨骼
1. 股骨　2. 胫骨或胫跗骨
3. 退化了的腓骨　4. 跗跖骨
5. 锥形距
（引自温江等，1995）

二、 生理指标

不同生态环境中褐马鸡生理生化指标存在差异，这些指标对饲养、繁殖和疾病防治及其保护都具有一定的实际意义。

1986—1993 年太原动物园饲养的成年褐马鸡 26 只（雄性 17 只，雌性 9 只）和山西庞泉沟国家级自然保护区饲养的成年褐马鸡 10 只（雄性 6 只，雌性 4 只）的健康个体生理参数见表 1 - 1 至表 1 - 3（唐朝忠等，1998）。

表 1 - 1 褐马鸡生理常值测定结果

（引自唐朝忠等，1998）

项目			雄性	雌性	动物园平均值	范围	保护区平均值
呼吸频率（次/min）			28.3±3.44	26.6±2.82	27.5±3.12	24～31	28.2±2.6
体温（℃）			41.9±0.84	41.6±0.90	41.8±0.87	40.4～42.8	41.9±2.4
红细胞数（×10^{12}个/L）			3.10±0.21	2.98±0.40	3.04±0.31	2.48～3.3	3.26±0.52
血红蛋白浓度（g/L）			97.4±12.5	98.2±14.9	97.9±12.6	75～110	92.53±0.17
红细胞比积（%）			46.86±5.24	45.4±4.71	46.23±4.63	44～52	44.8±4.7
红细胞平均体积（fL）			151.16	152.35	152.07		—
红细胞平均血红蛋白量（pg/L）			31.42	32.95	32.20		—
平均血红蛋白浓度（%）			20.78	21.63	21.18		—
血沉（mm）	30min		0.62±0.47	0.74±0.13	0.68±0.30	0.5～0.8	0.57±0.06
	60min		1.84±0.52	1.98±0.89	1.87±0.67	1.6～2.3	2.05±0.57
	90min		2.96±0.87	3.18±1.25	3.08±0.88	2.5～3.7	3.22±0.7
白细胞数（×10^9个/L）			26.2±4.7	26.0±6.6	26.1±4.4	18～32	25.3±1.7
白细胞分类计数（%）	嗜酸性粒细胞		6.02±3.05	8.01±3.32	7.02±2.86	3～13	6.05±0.22
	嗜碱性粒细胞		4.86±2.13	5.78±2.91	5.32±0.14	0～12	1.69±0.21
	中性粒细胞	分叶核	28.18±4.59	24.95±5.37	26.68±4.32	20～33	34.71±5.26
		杆状核	5.73±0.62	3.52±0.48	4.45±0.51	3～6	3.83±0.86
		幼稚型	1.48±0.47	1.81±0.35	1.64±0.36	0.5～2	1.25±0.47
	淋巴细胞		50.45±7.21	52.40±4.27	51.43±5.43	42～64	48.22±0.84
	单核细胞		3.14±0.93	3.22±0.45	3.18±0.65	0～5	4.86±1.64

表1-2 褐马鸡血细胞直径测量结果

（引自唐朝忠等，1998）

血细胞	直径（μm）	
	动物园	保护区
红细胞长径	13.21±0.48	12.78±0.61
红细胞短径	7.12±0.24	6.85±0.66
红细胞核长径	5.46±0.45	5.40±0.55
红细胞核短径	2.62±0.34	1.65±0.28
中性粒细胞	9.98±0.67	9.12±0.77
嗜酸性粒细胞	11.21±1.02	11.27±1.04
嗜碱性粒细胞	8.91±0.73	9.70±0.53
大淋巴细胞	10.58±0.66	10.09±0.67
中淋巴细胞	8.67±0.71	—
小淋巴细胞	6.78±0.62	6.05±0.56
单核细胞	13.16±0.35	12.48±0.70
血小板	5.46±0.74	—

表1-3 动物园与保护区褐马鸡血液生化指标比较

（引自唐朝忠等，1998）

项目（单位）	雄性		雌性	
	动物园	保护区	动物园	保护区
血清总蛋白(g/L)	38.80±1.09	43.80±0.85	41.41±0.85	49.00±4.00
血清白蛋白(g/L)	22.31±0.63	25.50±1.80	24.80±0.48	27.40±1.70
血清球蛋白(g/L)	16.49±0.45	14.00±0.85	16.61±0.74	19.20±2.80
血清葡萄糖(mmol/L)	14.42±1.18	13.23±0.63	16.64±0.20*	16.61±1.03
血清尿素氮(mmol/L)	2.62±1.14	—	2.87±1.02	—
血浆 CO_2 结合量(mmol/L)	22.98±6.73	—	23.01±6.55	—
血清				

（续）

项目（单位）	雄性		雌性	
	动物园	保护区	动物园	保护区
钾（mmol/L）	1.34±0.38	2.53±0.63	1.32±0.41	1.61±0.81
钠（mmol/L）	112.10±24.81	150.45±15.77	127.20±25.37	167.47±11.18
氯化物（mmol/L）	102.15±13.44	136.85±14.77	103.42±4.12	142.65±4.67
钙（mmol/L）	2.62±1.49	3.48±0.56	2.89±1.53	3.85±0.71
镁（mmol/L）	1.28±0.46	—	1.02±0.78	—
无机磷（mmol/L）	1.83±0.65	1.71±0.69	2.48±0.67 *	2.42±0.38

* 表示性别之间差异显著（$P<0.05$）。

武玉珍（2014）研究发现，成年褐马鸡组织中 K、Fe、Cu、Mn、Mo、Ni、Cr 在脾脏中蓄积最高，Zn、Pb、Cd 则在心脏中含量较高。Fe、K、Zn、Cu、Mn 在组织器官中含量较高，而 Co、Ni、Cr、Pb、Cd 含量较低。9 周龄雏鸡器官中微量元素含量见表 1-4。

表 1-4 9周龄褐马鸡器官中微量元素含量（$\mu g/g$，干重）

器官	Zn	Cu	Mn	Fe
肝脏	154.5	11.94	9.23	1 283.46
肾脏	167.30	9.8	7.05	489.83
脾脏	121.08	4.87	1.21	846.00
骨骼	116.14	1.66	2.20	139.26

第三节│行为特性

行为是动物个体受物种进化和发育环境因素影响对外界环境变化和内在生理状况改变所做出的整体性反应，具有一定的生物学意义。动物只有借助于行为才能适应多变的环境（生物和非生物环境），以最有利的方式完成取食、饮水、筑巢、寻找配偶、繁殖后代和逃避敌害等各种生命活动，从而有利于个体的生存和物种延续（尚玉昌，2005）。

一、社群行为

社群行为主要表现为种内竞争和种内互助。

（一）种内竞争

种内竞争主要表现为对配偶的争夺、食物争夺、领域争夺等行为。雄鸡通过格斗来获得配偶。在争斗时，褐马鸡的典型炫耀动作为向上伸长脖子，面部红斑充血膨胀，色彩更显鲜艳，不时跳跃，以喙啄击对方，并以有距的跗扑打对方，直至一只斗败逃走，胜者与雌鸡配对。通过种内竞争，强壮的雄性获得优先选择配偶繁殖的权利，个体的生存能力增强，有利于种群的发展和延续（王美平等，2018）。

（二）种内互助

种内互助多表现为遭遇敌害时的警戒和群体内的社群等级关系等方面（王美平等，2018）。

1. 警戒行为　褐马鸡视觉、听觉极为灵敏，警惕性很高，且叫声特别洪亮。善于奔跑，可短距离腾飞或自上而下滑翔。

在非繁殖期，常20～30只结群活动（彩图4、5），冬季，有时可见多达百只左右的大群。正常情况下，群中有检视周围环境的褐马鸡，称之为"头鸡"，它非常警觉，且往往第一个发现异常情况并发出惊叫，然后向高处奔跑，其余从四面集拢，跟随头鸡有秩序地往山顶奔跑，到达山顶后，急促地鼓动翅膀，然后展翅滑翔到山下，这时从上往下看，可以清楚地看到白色尾部，而从下向上看则全为黑色。在特别危急时也可从原地起飞，甚至向高处飞行较短的距离（20～30m）再落下来（卢汰春等，1983）。

繁殖期时，雄鸡担任警戒任务，当危险因素出现后，雄鸡先惊鸣逃走，而雌鸡由于恋巢性极强，仅在危险很近时（最近为

3m）才会突然惊鸣滑翔而去。危险因素消失后，褐马鸡会通过鸣叫再次聚在一起活动，孵化期雌鸡仍会回巢进行抱窝孵化（王美平等，2018）。在雏鸡不具飞翔能力时，遇到危险后亲鸡惊鸣先后逃走，而雏鸡迅速躲藏于林间灌木下；具有飞翔能力后，幼鸡随亲鸡一起逃窜避敌。

2. 等级行为　研究发现，笼养条件下褐马鸡的社群等级制度为近单线式。成体的等级明显高于亚成体，成体雄鸡的等级明显高于成年雌鸡。成体的等级与体重呈显著正相关，与面部红斑大小及耳簇羽长呈极显著正相关。体重可以被认为是直接与个体的争斗实力相关的参数，而面部红斑大小、耳簇羽长则可能是个体争斗实力的外在信号。在体重相近的雌性个体中，面部红斑大小和耳簇羽对社群等级有很大的影响（戴强等，2001）。

褐马鸡的种内竞争和种内互助增强了褐马鸡种群适应外界环境变化的能力，有利于种群的生存与发展。

二、 繁殖行为

（一）发情及交配行为

3月底至4月初褐马鸡开始由大群分成小群，由小群又分成对。褐马鸡的发情期表现是面部裸露部分红色面积加大，尾羽稍张开，体羽油亮，在日光下闪金属光泽，雄鸡鸣叫声增多（郭建荣等，2000）。在这期间雌雄相互追逐，一雌配一雄，鸣叫呼唤。雄鸡为了争得雌鸡，鸣叫，飞舞，绕雌鸡转圈子。配对前雄鸡常常互相角逐争偶，伸直颈几乎与身体垂直，面面相对，以喙作为武器相互攻击，败者逃离，强者占有配偶（尹祚华等，1992）。

交配时，雌鸡呈半卧式，双翅展开，颈部微缩，而头左右摆动，同时发出求配声。雄鸡跃到雌鸡背上，双脚踏在雌鸡左右翅肩上，用喙衔住雌鸡头顶的羽毛，雌鸡头低下而尾抬高，雌雄鸡泄殖腔相对，完成一次交配30～60s（郭建荣等，2000）。

（二）营巢及产卵行为

褐马鸡一般选择在海拔1 100～2 300m的阴坡、半阴坡的石壁或大石头下、灌丛基部、树根旁营巢。巢呈椭圆形，盆状，长径35cm，短径26cm，窝深10cm，窝的最下层是枯枝落叶，最上层铺一层褐马鸡羽绒。雌鸡产卵过程中雄鸡在大石头或大树上放哨守候，防止猛禽野兽盗吃卵。雌鸡产卵时头部略向下低，全身下蹲，尾羽上翘，全身用力，两翅向外扩张，每次间隔3～4s。卵产出后身体放松，然后站起用喙将卵拨到腹下，并叼起草置于身旁或身下，雌鸡出巢时把草覆盖于卵上（尹祚华等，1992）。通常1年产1窝，每窝产卵9～12枚，多者可达18枚（冀继源，1999）。褐马鸡卵呈卵圆形，与鸡蛋相近，颜色多为淡青色、青白色或灰白色（李瑞平等，2010）。

（三）孵化行为

褐马鸡于5月中旬进入孵化期，孵化由雌鸡承担，雄鸡白天在巢的周围警戒。褐马鸡抱窝的姿势是头朝外，尾靠树干，从而使褐马鸡能清楚地看到它前、左、右三个方向的异常情况，及早发现敌害（彩图6）。雌鸡孵化期恋巢性强，每天仅于中午前后主动离巢30～60min，危险出现在距巢约3m时，雌鸡会发生长时间被动离巢，雄鸡在附近50m的范围内担负保护任务。

（四）育雏行为

雌、雄鸡共同育雏。初期，雏鸡仍需亲鸡帮助觅食植物嫩茎、叶，并大量啄食蚁卵，一个月后雏鸡便可独立觅食。

三、 觅食行为

褐马鸡为杂食性鸟类，主要以植物的嫩根、茎、叶和果实、种子等为主要食物，也取食昆虫幼虫、蠕虫等。褐马鸡在一天的活动中大部分时间都在取食。取食时仅通过喙进行啄食，不用爪去刨。

在褐马鸡经常觅食的区域内，可以见到密密麻麻的啄食坑，这是在野外考察时发现褐马鸡的一个重要线索。圈养条件下褐马鸡在笼舍内留下的啄食痕迹见彩图7。

褐马鸡饮水与家鸡相似，常在小溪、水坑中取水，不同季节饮水次数与时间略有差异。在春季和冬季，由于食物中水分较少，饮水较频繁，冬季多啄食雪粒；夏季食物中水分较多，饮水次数少；秋季由于常吃坚果和种子，水分含量低，也常饮水（卢汰春等，1983）。

四、 鸣叫行为

鸣叫是褐马鸡个体之间信息联系的方式。褐马鸡属非鸣禽类，鸣管不发达，只能发出简单的单音节叫声。在不同时期或不同情况时，其鸣叫声各不相同。大致可分为以下几类。

1. 召唤鸣声 其声音为"gūgū-gùgùgá"，发生于褐马鸡的各活动期中，特别是受到干扰的褐马鸡群体再次聚集时会长鸣不息。

2. 报警鸣声 发现危险情况后，褐马鸡会发出一种类似自然界噪音的尖锐鸣叫，鸣声为"gágá-jíjíjì"。

3. 占区鸣声 是雄鸡占区，防止其他雄性个体进入其领域的警告鸣声，并向雌性炫耀自己。多于上午发出"gā-gà gà-guá"的鸣声，下午很少鸣叫。

4. 求偶鸣声 进入繁殖期后，在配对时，雄鸡发出一种特有的急促高亢而最后一声近似沙哑的"guā-guà guà－gá"鸣声，向雌鸡求配；而雌鸡在求配时会发出"jìjì"的轻鸣，此鸣声多出现在清晨的 6：00—7：00 和上午的 9：00—11：00。

5. 育雏鸣声 是亲鸡向雏鸡发出的一种特有的"gāgā-gāgāgā-gá"鸣声，多为雌鸡鸣叫。

6. 雏鸡鸣声 出壳后的雏鸡发出"jiájiájiá-jià"的鸣声（王美平等，2018）。

五、 休息行为

褐马鸡是昼行性鸟类，早晨和下午觅食，午间和晚间休息。

1. 午休 午间休息时鸟类可通过阳光补充体热并护理羽毛。褐马鸡中午卧息时先在地面刨一坑（笼养条件下褐马鸡在地面休息留下的窝见彩图 8，窝大小约为长 35cm×宽 28cm×高 8cm），躺在坑里，坑深约 15cm，当感觉到异常动静时会伸长脖子环顾四周。中午卧息的褐马鸡选择干扰少、容易逃跑且气温适宜的地方，如距离林中道路和居民点以及水源距离较远的地方。

2. 夜栖 黄昏时，褐马鸡进入栖宿地。夜栖时褐马鸡一般选择针叶林、针阔混交林以及阔叶林，以坡度较大、山坡和山脊、接近水源、远离林边、人为干扰距离较远、乔木盖度和密度较大、栖树胸径较大、灌木层盖度和草本层盖度较小为主要特征（李宏群等，2009）。

在分群期、集群期以及越冬期，由头鸡率领群鸡于日落前 30 min 左右进入栖宿区，稍作停歇，悠闲地活动，并发出鸣声。随后，褐马鸡群陆续由地面飞跃到选定的栖树低层，然后逐级盘旋跳跃到树冠的中层，开始栖息。栖息时，鸡群分布于几棵相邻的树上，栖树较为固定。一般一棵栖树可栖宿 1～9 只，侧枝多的树较侧枝少的栖宿的褐马鸡多一些。褐马鸡在树上栖宿的姿势是前胸高，尾下垂，头缩在翅膀下，整个身体略向后倾，并用爪抓紧树枝。栖宿树多为桦、辽东栎、油松、云杉、冷杉等。通过观察发现，褐马鸡一定时期内栖树较为固定（王美平等，2018）。

繁殖期时，褐马鸡多为成对活动。太阳落下后，雄鸡在前面，雌鸡在后面，边走边取食，到达地点后，雄鸡首先从高向低滑翔到油松树低层，然后逐级盘旋跳跃至树冠中层，雌鸡依样上树，并与雄鸡并拢于树枝中段进行夜栖。褐马鸡在夜栖时，如受意外惊扰，会成群从树上向低处滑翔。由于褐马鸡的飞行能力相对较差，较大的坡度使其能滑翔较远的距离，所以其选择夜栖地时都是在坡度较大的坡面或者山脊，这样有利于其上树时减小能量的消耗，并且逃跑时可以向更远的地方滑行（李宏群等，2009）。孵化期时，雌鸡单独孵卵并夜宿于巢中，而雄鸡在夜间于巢附近 50m 左右的树上独自栖宿。在育雏期，雏鸡不具飞翔能力时，雌鸡一般卧地夜宿，而雏鸡钻入其翼下腹前夜宿，雄鸡则在雌鸡附近的树上夜宿。随着雏鸡的生长发育，大约在 25 日龄具有飞翔能力，开始由雌鸡带领雏鸡上树栖宿（王美平等，2018）。

六、 沙浴行为

沙浴是褐马鸡进化中逐渐形成的一种生态适应性行为习性。

褐马鸡沙浴时伏卧地面，用趾和翅将沙土刨在体羽上，并抖动身体，使土粒进入体羽，片刻再将土抖掉。如此反复，最终达到休息和清洁体羽的目的。沙浴坑一般位于其活动区内大树下或林缘处，距取食地很近（为20～100m），大小由褐马鸡的体型决定，根据100个沙浴坑测得其大小多为38.6（27.0～60.0）cm×34.8（25～40）cm×4.0（1～7）cm，形状一般为椭圆形。

褐马鸡通过喙的勾动来梳理羽毛，梳理部位主要是胸、腹、背、胁、肩部，主要是为了驱除体羽中的寄生虫和清洁羽毛，并且可以得到很好的休息（李瑞平，2010）。褐马鸡冬季通常选择水源距离、林边距离和人为干扰距离较小的低海拔地方作为其沙浴地，且其沙浴地特征为乔木数量少和盖度较小、灌木数量少和高度较小、草本盖度和高度较大以及可视度高。褐马鸡也选择岩洞作为沙浴地，占总沙浴地的35.2%。分析表明，人为干扰距离、坡位、林边距离、海拔、可视度、灌丛盖度和乔木数量对沙浴地选择具有重要作用（李宏群等，2011）

在不同的时期，褐马鸡沙浴坑的整体分布不同。在越冬期、集群期，沙浴坑多集中在一起，近似三角形或方形，分布于活动区，相邻坑间距离10～50cm；分群期沙浴坑分布较集中，但数量较前者少，多为几个在一起，最多为十几个；在配对产卵阶段，多为并排成对出现，两坑距离20cm左右；在孵化期，沙浴坑多为单一分布于巢区内树下；在育雏阶段，随着雏鸡的生长发育，雏鸡也进行沙浴，沙浴坑分布在一起，但大小不同。沙浴无论在何时进行，都可起到休息和清洁体羽的作用（王美平等，2018）。

第二章
野生保护

第一节 | 野外分布

一、 历史上褐马鸡的分布

褐马鸡是我国鸟类特有种，我国著名珍禽。有关其记载散见于我国历代史籍中，包括春秋时期成书的专著《禽经》、战国时期的《山海经·中山经》，以及《说文解字》《广韵》《本草纲目》等。在历史上，褐马鸡曾广泛分布于我国的华北、东北、西北、华南、华中、西南地区的 14 个省（自治区、直辖市），不仅分布范围比现在大很多，而且分布区彼此相连。据古籍记载，我国古代褐马鸡的地理分布区域主要包括山西省东南地区（长治市、沁源县及安泽县）、吕梁山中部及五台山等地，北部大同市、怀仁县，以及河北省宣化区、涿鹿县、蔚县、承德市等地。现有分布区的割裂和缩小，是历史演变的结果，主要是对褐马鸡的过量猎捕、栖息环境的破坏和割裂所造成的（刘焕金等，1991）。

二、 目前褐马鸡的分布

目前，褐马鸡仅在山西省、陕西省、河北省和北京市的局部地区分布（郑光美，2015）。已知的分布点有山西省神池县、五寨县、岢岚县、宁武县、静乐县、古交市、阳曲县、娄烦县、兴县、交城县、文水县、汾阳市、孝义市、临县、岚县、方山县、离石县、中阳县、交口县、石楼县、大宁县、吉县、汾西县、临汾市、蒲县、乡宁县、稷山县、沁源县；河北省涞源县、涞水县、蔚县、涿鹿县；北京市门头沟区、房山区；陕西省韩城市、黄龙县等。这些自然分布地内建立了多个以保护褐马鸡为主的自然保护区，如山西庞泉沟国家级自然保护区、山西芦芽山国家级自然保护区、山西黑茶山国家级自然保护区、山西灵空山国家级自然保护区、山西五鹿山国家级自然保护区、陕西韩城黄龙山褐马鸡国家级自然保护区、陕西延安黄龙山褐马鸡国家级自然保护区、河北小五台山国家级自然保护区、北京百花山国家级自然保护区等（李一琳等，2016；李萍，2017）。

第二节 | 栖息地特征

栖息地（或生境，habitat）是可为动物提供食源、庇护所、筑巢位置和交配的场所（Reunanen 等，2002），指动物个体、种群或群落在其生长、发育和分布地，各种生态环境因子的总和（Block 等，1993）。栖息地被破坏是生物多样性丧失的主要原因之一，对濒危物种的生存也构成严重威胁。对动物所利用栖息地的参数定性或者定量分析，可以深入理解动物生境参数的相互关系，并为科学制定相关保护政策或措施提供科学指导（赵青山等，2013）。因此，对濒危物种进行栖息地评价及数量评估，是生物多样性保护与管理的一项重要基础性工作。鸟类栖息地是鸟类个体、种群或群落完成生活史某一阶段所需的环境类型，是鸟类生态学研究的一个重要方面。

褐马鸡的栖息地是其赖以生存、繁殖和觅食等的基本条件，包括地形、土壤、气候、海拔、植被、水域、食物等各种生境因素。褐马鸡栖息地有以下几个特征：①较高的山地森林景观；

②以针阔混交林为主的林地；③林间旷地及林缘有其喜食的食物；④人为干扰较少。以上几点是褐马鸡繁殖、觅食、休息等顺利进行的基本要求（王俊田等，1993），见彩图9。

一、栖息地地理特征

褐马鸡栖息地的选择与食物、气温、海拔、人为干扰等多方面因素有着复杂的关系。以下为国内褐马鸡的几个主要栖息地的地理特征。

1. 山西庞泉沟国家级自然保护区 位于山西省吕梁山中段，地处交城县、方山县两县交界，东经 $111°22'—111°33'$，北纬 $37°45'—37°55'$。保护区内海拔 1 600～2 830m，年均气温 4℃，无霜期 90～100d，年均日照 2 897h，年均风速 3.8m/s，年均相对湿度 65%，年降水量 600～800mm，适宜褐马鸡栖息、繁殖。森林茂密、灌木丛生，覆盖度为 75%（王俊田等，1993；武建勇等，2000）。

2. 山西芦芽山国家级自然保护区 是山西省动植物及生态环境完整的生物生态系统综合保护区，保护动物以褐马鸡为主，植物为华北落叶松、云杉次生林等各类植物群系。位于晋西北吕梁山脉北端，东经 $111°50'—112°5'30''$，北纬 $38°35'40''—38°45'$，全区总面积 21 453hm²，主峰海拔 2 772m，年平均气温 4℃左右，年降水量 500～600mm，年平均日照 2 944h，无霜期 90～120d（王建萍等，2005）。区内地形复杂，沟壑纵横，高差约 1 400m（王建春等，2011）。

3. 山西黑茶山国家级自然保护区 位于山西吕梁山脉中段北部，是以保护暖温带落叶阔叶林与温带草原的交错区和世界珍禽褐马鸡为主的森林生态系统类型的自然保护区。地处东经 $111°11'39''—111°26'30''$，北纬 $38°10'03''—38°24'05''$，总面积 24 415.4hm²。保护区属温带大陆性气候，年均气温 6.4℃，1 月均温－10℃左右，7 月均温 18℃左右；全年 10℃以上的积温 1 500～1 950℃；无霜期 120～135d；年平均降水量 650mm，降水主要集中在 7—9 月（王振军，2011）。

4. 山西五鹿山国家级自然保护区 位于山西省吕梁山脉的南端，东经 111°08′—111°18′，北纬 36°23′—36°38′，总面积 206.17km²。该区属于暖温带季风型大陆性气候，是东南区季风的边缘，由于山地高度的不同和地形的变化而表现出不同的气候特点。一般在山麓和山前地区年均温 12～14℃，无霜期 130～180d，年降水量 500～560mm。年均气温为 8.7℃，最高日均温 25℃，最低日均温－6℃（张国钢等，2010）。

5. 山西灵空山国家级自然保护区 位于沁源县西南部与古县、霍州市交界处的太岳山脉中段，西靠霍山、北接绵山、南近黄梁山、东临沁洪公路，东经 111°59′27″—112°07′48″，北纬 36°33′28″—36°42′52″，总面积 10 116.80hm²，其中林地面积 9 354.80hm²，森林覆盖率 80.30%。保护区重山叠嶂，峰峦交错，沟谷纵横，多处悬崖绝壁，垂直地理环境差异大（李萍，2018），属暖温带季风气候（高晋红，2018）。

6. 河北小五台山国家级自然保护区 是以保护暖温带森林生态系统及世界珍禽褐马鸡等珍稀野生动植物为主的自然保护区，位于河北省蔚县、涿鹿县两县境内，东经 114°47′—115°30′，北纬 39°50′—40°47′，总面积为 21 833hm²，森林覆盖率 77.8%。地处暖温带季风性气候区，年平均气温 5～6℃，最低达－38℃，最高可达 34℃，无霜期 60～140d，海拔 1 600m 以上，9 月上旬初雪，在海拔 2 600m 以上 5 月底终雪，冻结时间可达 6 个月左右，最大冻土深达 1.5m。区内年降水量 700mm 左右，降水多集中于 7—8 月（占全年降水量的 49%），各大沟谷均有溪水（安春林，2000）。

7. 陕西延安黄龙山褐马鸡国家级自然保护区 位于陕北黄土高原东南部的黄龙山腹地，东经 109°38′49″—110°12′47″，北纬 35°28′46″—36°02′01″，南北宽 39.5km，东西长 36.6km，垂直分布范围在海拔 962.6～1 783.5m。境内地形起伏，沟壑纵横，属于大陆性暖温带半湿润气候类型，雨热同季，四季分明，

年平均气温 8.6℃，极端最低气温为 -22.5℃，最高气温为
36.7℃，年平均降水 611.8mm，多集中在 7—9 月，年蒸发量
856.5mm（李宏群等，2009）。

8. 陕西韩城黄龙山褐马鸡国家级自然保护区 位于陕北黄
土高原的南缘、黄龙山系东部，是黄土高原保存比较完整的天然
林区之一。地处东经 110°08′—110°30′，北纬 35°26′—35°46′，总面
积 39 124hm²。该区地形复杂，山势陡峭，沟壑纵横，生境多样，
自然资源丰富（程铁锁等，2015）。本区山系高差明显，地形复
杂，支脉山系形成高层支系(海拔 1 400~1 700m 以上）和中层支
系（海拔 800~1 500m）。冬季极端低温为 -14.3℃（1 月），夏季
极端高温为 40.6℃（7 月）（范世强等，2010）。

9. 北京百花山国家级自然保护区 位于北京市门头沟区清
水镇境内，东经 115°25′—115°42′，北纬 39°48′—40°05′，总面
积 217.43km²，保护区地处太行山山脉、小五台山支脉向东延伸
山地。本区大部分山地海拔为 1 000~2 000m，属于中纬度温带
大陆性季风气候区，垂直变化明显，昼夜温差大，气温偏低，降
水量较多，四季分明，冬季寒冷多风且干燥，夏季温热多雨，春
季干旱、风沙盛行，秋季晴朗少风、寒暖适中，年降水量 450~
720mm，多集中在植物生长的旺季——夏季；6—8 月三个月的
降水量约占全年降水量的
74%，其中，尤以 7 月份
降水量最大，且多为暴
雨；冬季降水量最少，只
占全年的约 2%，秋季降
水量约占全年的 14%，春
季降水量约占全年的
10%，所以春旱严重是百
花山气候的显著特征之一
（宋凯等，2016）。野外拍
到的褐马鸡见图 2-1。

图 2-1 野外拍到的褐马鸡
（张正旺、王鹏程、伍 洋 摄）

二、 栖息地植被特征

褐马鸡一年四季对栖息地的植被环境要求各有不同，栖息环境的变化与褐马鸡在一年当中的生活、繁殖等行为习性密切相关（王建萍等，2005）。凡是造成对植物覆盖度和食物丰盛度影响的人类活动，都将影响褐马鸡的栖息地。国内几个主要栖息地的植被特征如下。

1. 山西庞泉沟国家级自然保护区 植被垂直分布可分为亚高山草甸、中山带针叶林及针阔混交林、低中山温性阔叶疏林和灌丛农作区四个植被带。华北落叶松是本区森林的主体成分（王俊田等，1993；武建勇等，2000）。

2. 山西芦芽山国家级自然保护区 是山西省动植物及生态环境完整的生物生态系统综合保护区，保护动物以褐马鸡为主，植物为华北落叶松、云杉次生林等各类植物群系。森林植被分布主要有华北落叶松、云杉、油松、杨、桦和辽东栎，华北落叶松和油松为本区的优势树种（王建萍等，2005；张国钢等，2005）。林区内食草、食肉动物聚集，可保持生态平衡（王建春等，2011）。

3. 山西黑茶山国家级自然保护区 该保护区内的植物比较丰富，并且随着海拔的增高有明显的类型差别，例如在黑茶山低海拔地区有落叶阔叶灌丛等，在中、高海拔地区有油松林、白桦林以及落叶松林等。油松林是黑茶山褐马鸡栖息地的主要植物类型，占森林总量的50%。黑茶山植被分布中都混有草本、灌木、地被层（王振军，2011）。

4. 山西五鹿山国家级自然保护区 暖温带落叶林是地带性植被，也是生长最好、分布最广的植被类型。针叶林、针阔混交林、灌丛、草丛等都是落叶林的从属类型和群落演替的中间过渡类型（张国钢等，2010）。

5. 山西灵空山国家级自然保护区 混交林与灌丛交错，是野生动物理想的繁衍、栖息地（李萍，2018），素有华北地区

"油松之乡"的美誉，其主要保护对象为油松森林生态系统及褐马鸡、金钱豹等国家重点野生动植物资源，保护区内有种子植物97科429属876种，陆栖脊椎动物26目71科228种（李萍，2017）。

6. 河北小五台山国家级自然保护区 褐马鸡栖息环境为隐蔽性良好的山地森林，植物群落由乔、灌、草多层构成，郁闭度0.7以上，海拔951～2 634m，有水源存在。乔木层主要以华北落叶松、油松、栎、桦、云杉、臭冷杉、椴树等树种构成，灌木层多以美蔷薇、六道木、枸子、沙棘、虎榛子、绣线菊等为主，草本主要以石竹、防风、地榆、桔梗、线叶菊、铃兰、歪头菜、白头翁、沙参、霞草、龙牙草及禾本科植物构成。栖息地地被层较厚，由多年积累的枯枝落叶生成，地被层内生存着多种个体较小的生物体，土壤较疏松，多为褐土类（郑斌，2015）。

7. 陕西延安黄龙山褐马鸡国家级自然保护区 在植被构成中，辽东栎、山杨、白桦、麻栎等阔叶树种常形成森林群落，具有暖温带落叶阔叶林性质。植被分布具有明显的斑块性和不均匀性，生境片段化、岛屿化现象明显。植被主要有亚热带常绿针叶林带、常绿针叶林和落叶阔叶林混交林、落叶阔叶林、农田4种（雷忻等，2008）。

8. 陕西韩城黄龙山褐马鸡国家级自然保护区 保护区内有大型真菌、蕨类植物和种子植物970种，其中野生种子植物729种，国家重点保护野生植物有野大豆、紫斑牡丹、核桃楸、刺五加等4种，为褐马鸡提供了丰富的食物资源（程铁锁等，2015）。高层支系的主要代表树种是槲、栎、白桦、山杨，中层支系的主要代表树种是油松、白皮松、侧柏等。高层支系和中层支系的植物群落又因不同的海拔、坡向和林相更替而分为不同的类型（范世强等，2010）

9. 北京百花山国家级自然保护区 百花山原始天然植被应是典型的暖温带落叶阔叶林，但由于长期人为破坏，原始植被已为次生植被替代（朱华，1997）。由于山体相对高差大，地形差异显著，在植被的发育和次生演替上形成了植被类型的多样性和明显的植被分布的垂直带性（许彬等，2006）。

三、 栖息地季节性特征

褐马鸡的生境选择存在季节性变化，对生境具有季节性选择的特征。栖息地季节性选择特征如下：

1. 春季 主要选择食物丰富、植被覆盖度较高的落叶阔叶林和针叶林。栖息地的特点为距山脊较近、坡度较小、乔木种类和灌木较多的坡面、林缘空间，植被盖度5％～10％，食物丰盛度较高（武建勇等，2000）。春季正值褐马鸡繁殖早期，选择的取食地具有海拔低，下坡位，坡度小，离道路较近，沟底，乔木和灌丛种类数量较少，乔木、草本、灌丛的盖度及草本高度较小，可视度较大等特征；选择卧息地具有坡度较小，半阳坡，离道路较远，乔木盖度较大，灌丛数量和高度较小，草本高度较小和可视度小等特征（李宏群等，2010）。

2. 夏季 对各类型栖息地均有选择，但更倾向于针叶林及林缘灌丛地带。栖息地特点为食物丰盛度（尤其是动物性食物）相对较高；灌木数量较多，灌木与草本植物盖度较大的区域；植被垂直分布明显，人为干扰因素较小。褐马鸡夏季偏好选择的沙浴地特征为阔叶林，乔木盖度30％～50％，直径10～20cm，高度小于10m，密度0.05～0.10株/m²；灌丛盖度大于50％，高度小于1.5m，密度大于5株/m²；草本盖度大于30％，高度大于10cm；海拔大于1 400m；坡度大于30°，位于阳坡，坡位为上坡位，多为山脊；人为干扰距离、水源距离和林边距离均大于500m，隐蔽级小于10％（李宏群等，2010）。

3. 秋季 在针阔混交林，多在阔叶林中活动，同时到灌丛及农田中活动比例明显上升。一般选择在距水源较近、植物种类和数量较多、各种植物果实比较丰富、植被冠层比较致密的区域活动。褐马鸡常因觅食果实，游荡性较大，无固定场所和相对

稳定的栖息地。活动位置特点为针阔混交林，海拔 1 200～
1 400m，乔木盖度 50%～80%；乔木高度小于 10m，乔木密
度小于 0.10 株/m²；灌丛盖度小于 30%，灌丛高度大于
1.5m，灌丛密度小于 1 株/m²；草本盖度小于 30%，草本高度
小于 16cm；隐蔽级小于 10%；水源距离小于 300m；林边距离
小于 100m；人为干扰距离 100～300m（李宏群等，2011）。秋
冬季节褐马鸡见彩图 10、11。

4. 冬季　主要在光照度强的针叶林及林缘灌木丛地带（图
2-2）活动，地方性迁移增强，由于受海拔高度、裸地比例、乔
木和草本植物数量的影响，倾向于选择食物较为丰富、人为干
扰较少、海拔偏低的向阳背风沟谷、川道及农田和林缘区域。
冬季褐马鸡对栖息地选择与乔木盖度正相关，与距离林边最近
距离和海拔负相关（武建勇等，2000；李宏群等，2009）。冬
季夜栖地多偏向阳坡和半阴半阳坡，海拔高度低、坡度大、近
林缘、人为干扰距离较近、乔木层盖度和密度较大、栖树胸径
较大和草本层盖度较大的地方（李宏群等，2009）。

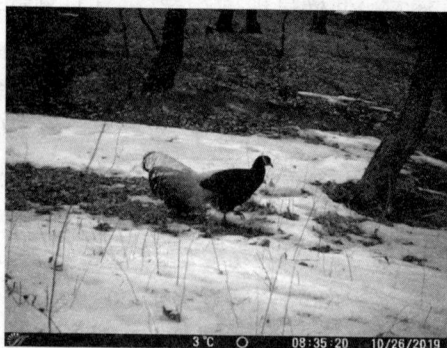

图 2-2　冬季的褐马鸡　｜　（张正旺、王鹏程、伍　洋　摄）

四、　栖息地共生物种

　　一个栖息地除了核心物种外，还有很多其他物种共同生存。
山西庞泉沟国家级自然保护区有鸟类 38 科 189 种，兽类 15 科

32 种，两栖爬行类 8 科 17 种（王改芳，2011）。山西五鹿山国家级自然保护区内共有高等植物 960 种，脊椎动物 252 种，真菌 132 种，昆虫 800 余种（张晓玲，2011）。山西芦芽山国家级自然保护区高等植物有 93 科 370 属 700 多种，已发现的脊椎动物有 232 种，其中列为国家一级保护的野生动物有褐马鸡、金雕、金钱豹等 6 种，二级保护野生动物有原麝、猞猁、古貂、马鹿、苍鹰、红隼等 22 种（王建春等，2011）。河北小五台山国家级自然保护区共有资源植物 700 余种，隶属于 115 科；省级保护植物 94 种，隶属 46 科 74 属（郑斌等，2015）。在黄龙山地区的天敌主要可分为两类：一类为飞行的天敌，如鸦类、鹰类及隼类；另一类就是小型兽类，如豹猫（*Prionailurus bengalensis*）、狗獾（*Melesmeles*）、黄鼬（*Mustela sibirica*）和赤狐（*Vulpes vulpes*）等（Johnsgard，1999）。

五、 栖息地选择

褐马鸡对栖息地的选择随季节变化而有所变化。褐马鸡对植被类型生境选择的排序依次为阔叶林、落叶阔叶林、灌丛、针阔混交林、针叶林及农田边。阔叶林及灌丛生境是褐马鸡比较偏爱的理想生境，而农田则是褐马鸡春、秋季为躲避干扰因素而较少选择的生境。夏季和秋季食物的种类和数量较多且分布广，褐马鸡的分布范围明显扩大；而冬季食物种类单一、数量少，分布狭窄，其活动区域范围较稳定（张凤臣，2007；李宏群等，2010）。

在黄龙山保护区，褐马鸡主要栖息于油松林、落叶松林、油松-山杨林、油松-白桦-山杨林、白桦-山杨林。在庞泉沟保护区，褐马鸡喜好油松林、华北落叶松林、油松-栎类林、落叶松-桦树林、云杉-落叶松-山杨-桦树林、辽东栎林、辽东栎-山杨林（武建勇等，2000）。在芦芽山保护区，褐马鸡的栖息地与植被环境类型密切相关，在以油松、华北落叶松和云杉为主的三种森林植被环境中，褐马鸡在以华北落叶松为主的森林环境下栖息时间最长（王建萍等，2005）。在黑茶山保护区，褐马鸡主要栖息于油松林、油松-辽东栎林等（王振军，2011；马建华，2016）。在五鹿山保护区，褐马鸡选择针阔混交林、林缘灌丛如沙棘等，次生灌丛提供了较为丰富的食物，针阔混交林提供了良好的隐蔽条件。越冬期对阔叶林具有明显的负选择性，繁殖期对针叶林和针阔混交林的利用率有所减少（张国钢等，2003），冬季多选择乔木胸径较粗、乔木较高的针阔混交林，这些区域为褐马鸡提供了良好的隐蔽条件（张国钢等，2010）。小五台山保护区，褐马鸡繁殖期活动范围较为固定，主要集中在针阔混交林和落叶阔叶林以及部分针叶林中（庞新博，2009）。在陕西省黄龙山林区，褐马鸡春季觅食地偏好利用针阔混交林，避免针叶林和阔叶林（李宏群等，2007）。在百花山保护区，褐马鸡偏好程度最高的为阔叶林，其次是针叶林和针阔混交林（宋凯，2016）。

第三节 | 栖息地食物及选择

一、 栖息地食物

褐马鸡食物种类多，觅食范围广，随季节变化大，食量因年龄不同而异。全年以植物性食物为主，占总量的96.62%；而动物性食物仅占2.94%，真菌类占0.44%。

一年中，褐马鸡选择的食物达80种，其中植物性食物50余种，动物性食物18种，其他食物8种。植物性食物由低等到高等包括苔藓、蕨类各1种，草本植物41种，灌木8种，乔木4种。摄食部位包括植物的根、茎、叶、花、果、种子、树皮。但对不同的食物种类，摄食部位不同。草本类全部位摄食较多，灌木类则主要是花、叶、果和种子，乔木类主要是种子、花苞或树皮。全年以7—9月食物种类较多。动物性食物主要在夏、秋两季摄取。褐马鸡摄食的广谱性在鸟类中确为少见（李宏群，2010）。

观察还表明，在褐马鸡食物中发现17种具有药用价值，其中植物 15 种、动物 1 种、真菌 1 种。根据中药药理特性，它们的功能主要为治疗毒蛇咬伤（天蓝苜蓿）、消食化积（毛山楂）、补气（黄芪）、消肿（蜗牛）、安神镇静（远志）、明耳目（广布野豌豆）、止泻（山刺玫、橡子肉）、止痛（歪头菜）、止血（马勃、向荆）、止咳（冬花、沙棘）、清热（蒲公英、车前子、马勃）、祛湿（车前子、向荆）。

在动物体内，这些食物的药用价值是否与人的作用一样，有待进一步研究。

二、 野外食物季节性选择

褐马鸡生活的环境四季分明，环境中的动植物不全相同，褐马鸡会根据环境特点和自身生理特性需求选择适宜的食物。

（一）春季食物选择

春季是褐马鸡繁殖的初期，此时需要大量的营养用于产卵。这个时期正值植物返青时期，褐马鸡主要选择食物丰富、植被覆盖度较高的落叶阔叶林和针叶林采食。栖息地的特点为距山脊较近，坡度较大，乔木种类和灌木较多的坡面，以及林缘空间。林缘灌丛地带阳光充足，草本植物返青较早，植被盖度 50%～70%，在 0～10cm 的覆盖度较高的区域，食物丰盛度较高，昆虫相对较多，常会吸引褐马鸡取食（李宏群，2009）。

从 3 月开始，气温回升（平均温度 3.7℃），冰雪融化，土层解冻，植物出芽返青，食物种类增多。许多褐马鸡喜食的草本植物，如远志（*Polygala tenuifoiia*）、米口袋（*Gueldenstaedtia mutifloya*）、蒲公英（*Tayaxacum mongolicum*）、柴胡（*Bupleurum chinense*）、龙芽草（*Agrimonia pilosa*）、沙参（*Adenophora paniculata*）、短鳞苔草（*Carex augustinowiczii*），以及各种蒿类等都相对较为丰富。但在 4 月，由于褐马鸡发情、配偶等繁殖活动的影响，观察发现褐马鸡取食种类减少，如堇菜（*Viola veyecuhda*）、野苜蓿（*Medicago faslcata*）等。5 月以后，繁殖活动趋于稳定，取食种类逐渐增多。

同时，春季是褐马鸡取食动物性食物的主要时期。动物性食物从 3 月开始出现，较多集中于 3—6 月，此时昆虫处于出蛰和幼虫期，地面和土壤中较多而密集，容易为褐马鸡一次集中摄食。以后各月，境内昆虫种类虽多，但以飞翔性的昆虫出现较多，捕食困难，导致可觅食动物性食物种类不多，食量减少。

（二）夏季食物选择

夏季，褐马鸡正处于孵卵和育雏阶段，此时褐马鸡主要是更好地保护自己，顺利完成繁殖活动和育雏。夏季，温度逐渐升高，植物茂盛，进入一年中的最佳生长期。阔叶林的郁闭度很好，植物生物量丰富，能为褐马鸡提供大量食物，包括植物幼嫩根、茎以及无脊椎动物，尤其蚂蚁卵是褐马鸡雏鸡喜爱的食物。夏季，褐马鸡对各类型栖息地均有选择，但更倾向于针叶林及林缘灌木丛地带。栖息地特点为食物丰盛度（尤其是动物性食物）相对较高，灌木数量较多，有虎榛子（*Ostryopsis davidiana*）、忍冬（*Lonicera* spp.）、绣线菊（*Spiraea* spp.）、胡枝子（*Lespedeza bicolor*），灌木层下，尚见有莎草、草莓、早熟禾、广布野豌豆、大花韭等草本。灌木与草本植物盖度较大的区域，构成了褐马鸡栖息觅食避敌的主要场所。特别是海拔 2 000m 以上的森林地带，植被垂直分布明显，人为干扰因素较小，气候凉爽，覆盖率高，隐蔽良好，露水偏少，环境安定，蚂蚁遍地，是褐马鸡在繁殖期度过盛夏的优良生境。

水是动物生活所必需的资源，也是其最重要的生存条件之一。有研究认为，许多鸡形目物种的栖息地选择均与水源密切相关。研究发现，与春季相比，7、8 月份夏季褐马鸡取食地距水源距离都较远，褐马鸡此季节取食大量的浆果，如野山楂（*Crataegusp innatifida*）、沙棘（*Hippop haerhamnoides*）和北五味子（*Schisandra chinensis*），浆果本身含有大量水分，而且此时山中林间湿度较大，露水多，所以相对于春季，夏季水源距离对褐马鸡的影响不大。

（三）秋季食物选择

秋季食物种类最多，灌木浆果成熟，草本植物种子饱满，乔木种子丰盛。褐马鸡主要以莎草、龙胆、灰枸子、野蒜、柴胡、车前、黄刺玫、刺李、沙棘等多种植物的嫩叶、花和果实，以及蝗虫、蝶类、蜂类、蚁等一些小型动物为食，还会采食马勃等真菌类（李宏群，2011）。

由于褐马鸡选择地森林在分布上偏重于阳坡，故在灌木中增加了沙棘（*Hippophae rhamnoides*）、刺李（*Ribes burejense*）和黄刺玫（*Rosa xanthina*），草本中增加了皱叶酸模（*Rumex crispus*）、山尖子（*Cacalia hastata*）等种类。这些灌木和草本植物，均与褐马鸡的食物有关，尤其是沙棘、刺李和黄刺玫这3种长刺的灌木，既是褐马鸡全年的食物，又可为其繁殖、觅食和避敌活动提供保护，还是雏鸡生长发育成幼鸡后，同巢鸡活动范围渐渐扩大的生境选择。

在陕西省黄龙山林区，褐马鸡主要选择针阔混交林，回避针叶林。因为这个季节正是落叶阔叶林果实成熟的季节，褐马鸡尤其喜爱野山楂（*Crataegus pinnatifida*）、漆树种子（*Toxicodendron vernicifluum*）和辽东栎（*Quercus liaotungensis*）果实，所以褐马鸡喜爱在这样的树种下觅食。同时，当地的优势树种油松产生的球果以及阔叶林产生的浆果或者坚果，由于坡度的原因常聚集在沟谷中，这也是褐马鸡常选择在山沟觅食的原因。针叶林在这一地区都是砍伐后的人工林，郁闭度较大，林下植被单一，灌丛发育较差；而林缘灌丛发育良好，浆果大量成熟，因此褐马鸡常出现在林缘觅食，这一现象在其他鸡形目种类也存在。

（四）冬季食物选择

研究发现，冬季褐马鸡多选择在阳光充足的林缘灌丛取食，地方性迁移增强，由于受海拔高度、裸地比例、乔木和草本植物数量的影响，倾向于选择食物较为丰富、人为干扰较少的低海拔沟谷、川道及农田和林缘区域。褐马鸡多选择乔木胸径较粗、乔木较高的针阔混交林。高大的乔木，产生的种子相对较多，能为褐马鸡提供丰富的食物。食物缺乏的严冬季节，主要靠吃草根、草籽及散落在地上的植物果实来维持生命。越冬期褐马鸡主要的食物是针叶林的松子和沙棘的浆果，在冬季降雪封山，地面积雪较厚时，沙棘便成为褐马鸡赖以生存的主要食物来源。褐马鸡冬季则通过食雪获取水（李宏群，2011）。

三、 褐马鸡特殊时期食物选择

在繁殖季节，褐马鸡的觅食区域相对缩小，这时雌鸡由于需要增加体内的营养积累，食量很大。在孵卵期间，雌鸡离巢觅食的机会较少，觅食的范围也很小，一般离开巢穴不会超过20m。这一时期，雌鸡基本上处于半饥饿状态，而雄鸡则可以相对自由地在巢穴周围游荡觅食（李宏群，2011）。

对于雏鸡而言，其食性随着它的生长发育而出现有规律的变化。野外观察发现，1～3日龄，雏鸡的活动能力比较弱，取食现象少，仅啄食亲鸡寻找到的蚂蚁卵等高蛋白质的浆状动物食物。4～10日龄，雏鸡活动能力增强，开始跟随亲鸡由亲鸡啄出动物性食物后进行吸食，偶尔也取食少量的植物性食物，多为一些植物的嫩叶，此时亲鸡分别在雏鸡的两侧取食。随着日龄的增加，雏鸡渐渐开始独自啄食，食物也由以动物性食物为主向以植物性食物为主转变，偶尔也取食一些动物性食物，多为昆虫中的蝇类和蚂蚁卵等。直到雏鸡完全能够独立活动，食物种类由开始的以动物性食物为主转变成以植物性食物为主（冀继源，1999；李宏群，2010）。

第四节 | 野外种群现状

一、 分布范围

由于地理屏障（黄河）和自然植被（太行山植被）的破

坏，褐马鸡分布区已被严重分隔成为 3 个地理种群，即山西省吕梁山脉的中部种群（吕梁山种群）、河北省与北京市地区的东部种群（小五台山种群）和陕西省黄龙山的西部种群（黄龙山种群）。从分子学角度分析发现，这三个褐马鸡种群内遗传多样性极低。

1. 褐马鸡的中部种群 仅分布于吕梁山脉，形成了孤立的一个亚种群，分布区的最南端在北纬 35°40′，最北端在北纬 39°。

2. 褐马鸡的东部种群 河北省与北京市地区的褐马鸡在分布上是连续的，而且推测北京市的褐马鸡是由河北省的小五台山种群扩散过来的，因而两者应属于一个亚种群。

3. 褐马鸡的西部种群 陕西省发现的褐马鸡与褐马鸡的中部种群分别位于黄河的东西两岸，两者的分布区是彼此分隔的，因此我们将陕西种群称为褐马鸡的西部种群。

截至 2000 年，褐马鸡三个地理种群的分布范围见表 2-1。

表 2-1 褐马鸡的地理种群及其分布范围

（引自 张正旺等，2000）

种群	分布地点	分布范围（km²）
中部种群	吕梁山脉	11 600
东部种群	河北省（包括涿鹿县、蔚县、涞源县、涞水县）、北京市（门头沟区）	1 000~1 500
西部种群	陕西省黄龙县	300

二、 种群数量

根据调查资料估计，截至 2000 年，我国野生褐马鸡数量应在 17 900 只以上（表 2-2）。我国野生褐马鸡的数量在大部分区域呈相对稳定或缓慢上升趋势。但在某些地区，由于当地农民和自然界中的天敌对巢、卵的破坏，褐马鸡的种群数量呈下降趋势。

表 2 - 2　我国野生褐马鸡数量估计（截至 2000 年）

（引自 张正旺等，2000 年）

种群	种群数量估测值（只）	估算依据
中部种群		
北部	4 500	芦芽山保护区繁殖密度为 14.84 只/km²，保护区外密度按此密度的 1/2 计算
中部	5 400	庞泉沟保护区的繁殖密度为 6.09 只/km²，保护区外密度按此密度的 1/2 计算
南部	3 400	五鹿山地区繁殖密度为 7.39 只/km²，保护区外密度按此密度的 1/2 计算
东部种群	3 600	根据最新调查结果推测，河北省褐马鸡有 3 400 只，1998 年 1 月统计北京市东灵山有褐马鸡约 200 只
西部种群	1 000	按曹振汉等（1998）估测值的 1/2 计算
总计	17 900	

第五节｜现代技术在野外研究中的应用

野外研究包括对栖息地的资源量、生物学、食性与觅食行为、繁殖及策略、生态学以及资源评估与保护等的调查研究。根据研究内容选择不同的方法，并随着社会和技术的发展，采用不同的设备和技术。

传统的野外观察方法主要有采用望远镜、相机等开展直接野外观察法、捕捉法和试验饲养法等。方法简单直观，但风险大，耗时长，可获取的样本数量少。随着红外等新技术发展，日本在20 世纪 50 年代开始使用野外遥控红外摄影及鸣声录音等观测方式（陈宏栖，1984），之后红外相机被广泛应用于自然保护区鸟兽调查、动物活动节律调查、物种多样性调查等。随着新技术红外触发相机在国内野生动物调查中的逐渐应用，褐马鸡的调查和监测也得以有效开展（王巍等，2015）。另外，红外热成像仪等也被逐步应用于鸟类野外监测调查（粟通萍等，2017）。多个保护区建立了红外数据平台（李学友，2020；刘怀君等，2021；赵定等，2021）。

随着地理信息系统（geographic information system，GIS）、遥感（remote sensing，RS）、全球定位系统（global position system，GPS）技术的发展与应用，通过分析物种分布点和相关研究背景图层来预测物种潜在分布区的物种分布模型（speciesdistribution models，SDMs）受到越来越多的关注（Ellith等，2006；Guisan等，2005），并逐渐被广泛应用。利用GIS技术、MaxEnt模型和GAP分析方法研究其生境偏好及潜在适宜生境分布，分析森林覆盖率与其历史分布区退缩的关系，有助于了解限制该受胁物种分布的关键制约因素、潜在适宜生境的分布情况，以及当前保护区存在的保护空缺，进而制定相应的保护对策（李一琳等，2016）。利用GIS和MaxEnt技术预测褐马鸡当前的潜在分布区，结合自然保护区网络评估褐马鸡适宜生境的受保护状态，可为褐马鸡自然保护区的管理提供有效建议。

一、红外相机的应用

动物机体代谢过程中产生热量，热量向外辐射时，可被红外相机捕捉到，特别是夜间，环境温度低于动物体温时，红外相机的效果更好。红外触发相机对动物的干扰比较小，受不同的栖息地类型影响小，比较适合监测活动隐秘的动物，并且可24h持续工作。红外触发相机技术，能够确保在传统监测方法无法实施的情况下，没有人为干扰地连续监测，获得褐马鸡的种群分布、密度及其生态、生物学习性等信息，准确掌握其种群、数量及活动规律，全天候地反映褐马鸡真实的活动规律，可以充实完善保护区鸟类调查数据，为褐马鸡的保护与管理提供科学依据。野外红外相机拍摄的褐马鸡见图2-3、彩图12。

研究者在河北小五台山国家级自然保护区采取样线法和红外

图 2-3　野外红外相机拍到的褐马鸡
（张正旺、王鹏程、伍洋 摄）

相机相结合的方法，使用 Ltl-5210M 和 Ltl-6210M 型红外触发相机，全日 24h 不间断拍摄，在龙泉沟、十八盘、中台东山脊、南台道等 12 条样线先后投放了 61 台相机对褐马鸡进行调查和监测。海拔 1 350～2 700 m，基本涵盖了保护区所有的植被类型。通过实地调查，保护区获得了褐马鸡实体及其鸣叫、痕迹，如取食痕迹、粪便、足迹等，并记录了其所处位置的生境、海拔、坐标，发现时间，动物种类、数量、活动情况等数据，意外发现了褐马鸡抱窝的视频（王巍等，2015），通过分析可以获得褐马鸡的分布范围、日活动规律、觅食行为、繁殖环境以及威胁因素等。

白锦荣等（2016）基于红外触发相机先进技术对河北小五台山物种进行多样性调查，利用红外相机记录兽类 5 目 9 科 14 属 15 种、鸟类 1 目 1 科 6 属 6 种；其中，褐马鸡为国家一级保护动物，斑羚和勺鸡为二级保护动物。

二、 红外热成像仪的应用

红外热成像仪是一种非接触、无损伤性的温度测量仪，可通过接收被测物体表面的热辐射形成热谱图，对研究对象进行定性观察或定量分析。热成像仪在野生动物调查和实验研究等领域均有应用（粟通萍等，2015）。

粟通萍等于2015年4月的鸟类繁殖季，使用手持便携式红外热成像仪，对贵州宽阔水国家级自然保护区内4种生境的鸟巢进行系统搜索，共找到鸟巢54个，其中7巢可在红外热成像仪中清晰显示。使用红外热成像仪搜寻鸟巢的成功率为13.0%（7/54）。其中，搜寻地面巢的成功率最大（27.3%，3/11），树上巢的成功率最低（0%，0/5）。在热谱图中所显示的巢，其植被郁闭度显著小于红外热成像仪搜寻不到的巢；而其温差则显著大于红外热成像仪搜寻不到的巢。这表明，使用红外热成像仪搜寻鸟巢主要受巢上植被郁闭度及巢周围环境温度的影响。巢上植被郁闭度越小，与周围环境的温差越大，则搜寻成功率越高（粟通萍等，2015）。

三、 GIS技术的应用

地理信息系统（GIS）是应用信息科学理论和系统工程，综合分析具有空间属性的地理数据，为研究、决策、规划和管理提供必要信息的技术系统（黄杏元等，1989）。GIS应用于动物栖息地研究，不仅可以绘制物种的分布图和确定物种的丰富度，还可以较为准确地模拟物种的空间分布格局，综合生物环境、自然状况等信息构建物种变化的动态模型，为研究人员和管理者提供决策和判断的依据，并且在制定物种保护及自然保护区管理对策等方面发挥重要作用（李一琳等，2016）。

使用GIS预测物种分布，系统可以自动删除不适宜生境，预测的物种分布图要比从经验数据得到的物种分布图更为准确（焦广民，2006），因此，对于较为偏僻、鲜有人调查的地区，预测物种分布具有一定的指导意义（周立志等，1999）。雷富民通过GIS技术分析中国特有鸟类的分布情况，发现四川省的鸟类物种数最多（雷富民等，2002）。吴永杰等对横断山区鸟类的物种丰富度分布格局和影响机制进行研究，发现横断山区鸟类的物种丰富度与气候和能量因子关系最为密切（Wu等，2013）。GIS

技术已在对青海湖地区的普氏原羚（王秀磊等，2005）和卧龙自然保护区大熊猫生境的评价（欧阳志云等，1995），丹顶鹤栖息地的规划（王岐山等，1997），及制定生物资源管理对策中得到充分应用。

虽然 GIS 在中国生物学研究中起步较晚，但在生物资源管理和生物多样性保护等方面已呈现良好的发展势头。我国已经建成了生态系统多样性的地理信息系统，能够进行植被、地形、物种、气候等多因素叠加分析。

近年来，以 GIS 为核心，结合 RS 和 GPS 的 3S 技术集成，极大地增强了 GIS 的空间分析能力（赵修雪，2009）。3S 技术对空间数据进行适时更新、采集、处理和分析，为各种实际应用提供科学决策（何庆成，2000），不但能确定某区域栖息地的分布及景观评估，还可以处理动物佩带无线电发射器产生的数据（焦广民，2006），并且可在物种保护方面进行物种分布数据库建立、保护区设立、GAP 分析、栖息地评估、迁移研究、通道设计以及保护管理等（吴咏蓓等，2000）。3S 技术的出现为生态学的发展和野生动物的研究提供了有利的技术条件。

四、 MaxEnt 模型的应用

最大熵（maximum entropy，MaxEnt）模型是基于热力学第二定律，即一个非均衡的生命系统通过与环境的能量和物质交换以保持其存在（许仲林等，2015），根据已知物种分布点和环境变量，拟合具有熵值最大的概率分布对物种的潜在分布做出估计，以贡献率评价各环境变量对物种潜在分布的影响程度。MaxEnt 模型能够很好地处理预测变量之间复杂的交互作用，对生境交互因子的响应是稳定的，其预测性能优于其他模型（Peterson 等，2003）。Elith 等模拟了分布于全球 6 个不同地区的 226 种物种的空间分布，结论认为尤其当使用小样本预测时，该模型仍能表现出较好的预测性能（Elith 等，2006）。

MaxEnt 模型自 2006 年开发沿用至今，在入侵物种的潜在分布区预测、物种保护区规划以及物种的空间分布对气候变化的响应等研究方向的报道已达 2 000 多次（许仲林等，2015）。研究区域的范围会影响模型预测的精度和生境适宜梯度，当研究范围足够大时，模型预测的准确性也可以提高（Phillips 等，2009）。

李一琳等（2016）利用 MaxEnt 模型预测褐马鸡的分布状况。研究针对褐马鸡及其生境的保护已建立多个国家级和省级自然保护区网络，根据褐马鸡栖息地特征选择 11 个生境因子为预测背景，基于 45 个当前分布点利用 MaxEnt 模型预测褐马鸡当前的潜在适宜生境。MaxEnt 模型检验结果显示预测精确度较高，结合 GIS 10.0 软件分析当前自然保护区对适宜生境的保护状况，发现当前自然保护区存在一定的保护空缺，有 18 896 km^2 适宜生境未受保护。

利用 MaxEnt 模型和 GIS 技术预测褐马鸡当前的潜在分布区，结合自然保护区网络评估褐马鸡适宜生境的受保护状态，可为褐马鸡自然保护区的管理提供有效建议。褐马鸡当前的分布区不连续，三个地理种群呈分隔状态。改变三个地理种群隔离状态的可行性极低，但是通过保护每个地理种群的适宜生境，提高地理种群分布区域内适宜生境的完整性和连通性却是可行的保护措施。"生态孤岛"式的自然保护区无法避免区域的生境破碎化，进而阻断了生物种群间的基因交流。栖息地的连续性是生物多样性优先保护的重点之一，需要将其完整性和脆弱性纳入自然保护区规划考虑的范畴。省级自然保护区在适宜生境保护中起到关键的连接作用，在保持褐马鸡适宜生境的完整性和连通性中不可或缺（李一琳等，2016）。

五、 保护空缺（GAP）分析

保护空缺（GAP）指在现有保护区系统中没有得到充分保护的植被、物种和自然生态系统等的分布区域（郭子良，2013）。Burley（1988）首次提出这一概念并进行解释。GAP 分析是将物种的栖息地评估、潜在适宜生境范围与保护区网络或优先保护区域等空间信息进行交集分析，在较大空间尺度上提供研究区域的物种组成、物种分布、当前的保护状态及保护空缺（李迪强等，2000；2003）。GAP 分析强调每一物种在已有的保护区网络中都得到保护，而未出现的物种分布区就是空缺区域（Scott，1993）。GAP 分析是在获得同一区域的物种分布图、土地利用图和植被类型图等基础上，通过 GIS 的图层叠加技术进行数字图层空间分析，显示受保护区域以及目标物种的分布状况（Jennings，2000）。GAP 分析应用在物种就地保护研究中，可提供有效的受保护等级并将其呈现在地图上，使之更容易进行物种间的比较（Sara 等，2007）。

六、 物种分布模型（SDMs）的应用

物种分布模型是利用环境因子与物种分布点之间存在的紧密联系估算物种的生态位并投影到景观中，以此建立预测模型来分析物种对生境的偏好、物种丰富度、物种出现的概率和生境适宜度等（Brown 等，1998；左闻韵等，2007）。

物种分布模型最早是用来研究植物群落与环境梯度的关系。20 世纪 70 年代，Nix 等最先使用物种分布模型预测物种的空间分布。随着计算机和统计科学的发展，80 年代学者们开始使用物种分布模型进行以预测为主要目的的研究。90 年代是 GIS 技术迅猛发展时期，数字地球、遥感影像等数据获得越来越容易，物种分布模型的应用空间也越来越大，并有大量的模型及软件涌现（李国庆等，2013）。自 1995 年以来，物种分布模型的应用呈指数增长，生态位模型是其中发展和应用较为迅速的一种（Phillips 等，2009）。

第六节 | 保护遗传学研究

褐马鸡作为我国特有的濒危雉类，分布范围相对狭窄，且呈

破碎化分布格局，目前存在三个主要的地理小种群。褐马鸡的遗传多样性水平较低，面临灭绝风险，为了给褐马鸡保护策略的制定提供科学的技术支持，有必要了解马鸡属的物种演化和开展褐马鸡的保护遗传学研究，通过分析褐马鸡的种群基因组数据，准确揭示褐马鸡的遗传多样性水平以及遗传负荷水平，推测导致褐马鸡濒危的历史因素和种群复壮潜能。

一、 鸟类保护遗传学

鸟类保护遗传学主要是采用各种分子标记技术得到诸多遗传水平重要参数，通过参数分析了解鸟类种群关系、种群动态变化及其进化历史，从而为鸟类保护策略制定提供更为精确的科学依据（付玉明，2008）。

基于种群基因组数据的褐马鸡种群演化历史显示，褐马鸡中部种群和西部种群的演化关系较近，蓝马鸡和褐马鸡东部种群分别独立为一个演化支。在大约49 000年前，褐马鸡的中部种群和东部种群开始隔离；褐马鸡三个种群的有效种群大小在大约37 500年前开始持续下降；大约在28 000年前，褐马鸡的西部种群和中部种群彼此开始隔离；在16 400年前，褐马鸡三个种群的有效种群一直小于蓝马鸡，与遗传多样性格局一致。在大约500年前，褐马鸡三个种群的有效种群分别为420（西部种群）、24041（中部种群）和730（东部种群）。褐马鸡三个种群彼此之间开始隔离的时间和有效种群数量开始减少的时间一致，表明褐马鸡的有效种群数量减少导致了种群隔离及种群破碎化，三个破碎化的种群彼此之间已经隔离了很久。

褐马鸡西部种群陕西省黄龙县和中部种群山西省吕梁山两个分布区之间有黄河阻隔，而且黄龙县与山西省最近的吕梁山南部樱山县之间属丘陵荒山地带，且褐马鸡飞翔能力极弱，最远飞行距离不超过20m，因此推测褐马鸡难以越过黄河从山西省扩散至陕西省。地理隔离造成了种群隔离，加上人类历史活动的影响，使得陕西省黄龙县和山西省吕梁山两个分布区的褐马鸡逐渐隔离成两个不同的地理种群（冯宁，2007）。

中部种群五鹿山与芦芽山两种群之间的基因流值最大，一定程度上反映出历史上吕梁山种群曾有过频繁的基因交流，褐马鸡东部种群的小五台种群与其他种群的遗传关系较远（吴爱平，2005）。西部种群陕西省黄龙山褐马鸡较河北小五台山褐马鸡种群与蓝马鸡有着更近的亲缘关系。学者研究表明，太原动物园人工种群和庞泉沟自然保护区种群内及种群间遗传距离较小，个体之间亲缘关系较近（武玉珍，2013）。

二、 褐马鸡遗传演化关系

马鸡隶属于鸡形目（Galliformes）雉科（Phasianidae），其包含褐马鸡(*C. mantchuricum*)（彩图 13）、蓝马鸡(*C. auritum*)（彩图 14）、白马鸡（*C. crossoptilon*）（彩图 15）及藏马鸡（*C. harmani*）（彩图 16）4 种，均为中国鸟类特有物种。王鹏程（2019）对马鸡属内物种的遗传演化关系、演化时间、物种间的基因流、物种的有效种群历史动态进行了研究。王鹏程（2019）使用 45 个基因片段分析马鸡属内的遗传演化关系发现，马鸡属内具有两个演化支，其分化时间大约在 57 万年前（95％最大后验密度 42 万～75 万年前）。一个演化支由白马鸡和藏马鸡构成，在大约 15 万年前（95％最大后验密度 8 万～22 万年前）分化；另一个演化支由褐马鸡和蓝马鸡构成，在大约 11 万年前（95％最大后验密度 7 万～16 万年前）分化。Rebecca 等人使用 2 个线粒体基因片段和 4 个核基因片段对鸡形目鸟类的遗传演化关系研究表明，马鸡属内包含 2 对姐妹种，其中白马鸡和藏马鸡互为姐妹种，蓝马鸡和褐马鸡互为姐妹种（Kimball，2011）。王鹏程对姐妹种之间的基因流分析发现，姐妹种之间有显著的单向基因流。褐马鸡和蓝马鸡之间具有显著的从褐马鸡向蓝马鸡的单向基因流，在每个世代内褐马鸡向蓝马鸡的迁移率是 0.08（95％置信区间 0.02～0.13，$P<0.01$），然而在每个世代内蓝马鸡向褐马鸡的迁移率是 0.01（95％置信区间 0.01～0.43，$P>0.05$）。

白马鸡和藏马鸡之间具有显著的白马鸡向藏马鸡的基因流，在每个世代内白马鸡向藏马鸡的迁移率是 2.06（95％置信区间 0.94～4.26，$P<0.001$），然而在每个世代内藏马鸡向白马鸡的迁移率接近于 0（95％置信区间 0.00～0.05，$P>0.05$）。

三、 褐马鸡遗传多样性现状

（一）褐马鸡的遗传多样性特点

生物多样性是生物（动物、植物、微生物）与环境形成的生态复合体以及与此相关的各种生态过程的总和，包括生态系统、物种和基因三个层次。生物多样性关系人类福祉，是人类赖以生存和发展的重要基础。人类必须尊重自然、顺应自然、保护自然，加大生物多样性保护力度，促进人与自然和谐共生（新华网，2021）。生物多样性是一个内涵十分丰富的重要概念，包括四个层次，分别为遗传多样性、物种多样性、生态系统多样性和景观多样性。

一个物种的遗传多样性水平和种群遗传结构是其进化历史、分布格局、迁移方式和繁育方式等各种不同因素综合作用的结果，与其适应性和进化潜力密切相关，直接关系到物种保护和复壮。为了调查褐马鸡的濒危状况，王鹏程（2019）计算了褐马鸡的基因组平均杂合度，然后与其他濒危鸟类的基因组杂合度进行比较。结果显示，褐马鸡的遗传多样性是已经报道的鸟类基因组遗传多样性中最低的，其遗传多样性比白尾海雕（*Haliaeetus albicilla*）、朱鹮（*Nipponia nippon*）及卷羽鹈鹕（*Pelecanus crispus*）等濒危鸟类的遗传多样性都低。

褐马鸡现有三个明显的地理种群，地理种群之间没有基因流。西部种群的遗传多样性最低，中部种群的遗传多样性最高，与蓝马鸡的资料相比，褐马鸡三个种群的遗传多样性均低于蓝马鸡的遗传多样性。褐马鸡三个种群基因组水平的连锁不平衡格局与蓝马鸡的明显不一致，褐马鸡三个种群基因组纯合子区域比例和近亲繁殖系数均大于蓝马鸡，且褐马鸡基因组上有较严重的连锁不平衡和较高比例的纯合子区域（runs of homozygosity, ROHs），研究资料反映了褐马鸡经历了瓶颈效应，并且在近期和远期均有较严重的近亲繁殖现象。

（二）基于遗传多样性研究的保护建议

对于濒危动物褐马鸡来说，根据已获得的遗传多样性数据，应加强对其遗传资源和遗传多态性的研究，包括对野生和人工繁殖的褐马鸡的研究，建立褐马鸡种质资源基因库。对于人工圈养的褐马鸡群体，应利用分子生物学的各种技术，研究现有群体个体间的亲缘关系，建立人工繁殖种群的谱系关系，找出 DNA 差异较大的个体进行有目的的选配。从不同圈养种群中选择不同单倍型的个体进行混合饲养，并以这个混合种群作为以后野外放归的资源种群。为了防止近交繁殖，降低后代形成纯合子的概率，提高杂合子的概率，增加褐马鸡的遗传多样性，有目的地进行选配，让遗传贡献大的褐马鸡参与繁殖，这些个体都是作为放归种群的良好种源，对于保护褐马鸡尽快摆脱濒危状态有着重要意义。

基于基因组层面的系统发育关系、清楚的种群结构以及种群间缺少基因流的证据都表明，在保护生物学中需要把褐马鸡的三个地理种群作为三个互相独立的保护单元。其次，考虑到褐马鸡三个种群均有有害突变，在进行再引入工作之前需要考虑个体的有害突变含量以及有害突变种类，避免再引入工作可能会将有害突变引入目标种群。之后，需要长期监测褐马鸡野生种群的繁殖成功率，对其野外适合度进行评估。当发现野外种群数量开始下降时，需要通过人工饲养种群的再引入来稳定野生种群的数量。

四、 褐马鸡种群遗传结构

种群基因组学数据分析褐马鸡的种群遗传结构发现，褐马鸡具有三个明显的和地理种群相对应的遗传种群。线粒体的单倍型网络图显示褐马鸡的东部种群有独特的单倍型，并且不和西部种群、中部种群共享单倍型。褐马鸡的西部种群有一个独特的单倍型，并且与中部种群共享一个单倍型，显示中部、西部两个种群有较近的亲缘关系。

使用常染色体构建的最大似然树显示，褐马鸡的中部种群和西部种群的演化关系较近。基于贝叶斯聚类的种群结构分析也显示，褐马鸡有三个与地理种群相对应的遗传种群，每个地理种群的样品均为一个遗传种群。主成分分析的结果也显示，褐马鸡有三个和地理种群相对应的遗传种群。

褐马鸡三个种群彼此之间没有基因流，遗传多样性极低，有近亲繁殖、近交衰退及长期的种群持续下降，导致褐马鸡积累了大量有害突变，从而增加了褐马鸡的灭绝概率。

CHAPTER THREE

第三章
饲养展示管理

第一节 │ 笼舍设施

一、选址

褐马鸡笼舍建造前要根据褐马鸡生态习性，在保证安全性和管理要求许可的基础上，综合考虑褐马鸡生理特性和行为等需要，选择合适的场址，具体要求如下。

（一）保证通风、向阳、干燥

光照对维持动物正常的生理发育、形态和行为具有重要意义。来自太阳光的紫外线相比人工提供的紫外线光源对动物和饲养操作人员都更安全。应选在地势较高、干燥、平坦、排水良好和向阳背风、通风良好的地方建设褐马鸡笼舍，尽量避免选择阴暗潮湿处，保证褐马鸡冬季阳光充足，夏季能遮阳避暑。室外笼舍为不锈钢网，以满足动物对紫外线的需求。

（二）满足"三通"条件

"三通"即通水、通电、通路。要求场地有稳定的供水，水质达到饮用水标准；排水通畅，且污水有合适的排放处，防止污染居民水源。场地有电力供应，根据实际需求合理安排场地电线路负荷。在保证防疫要求的前提下，靠近道路，方便饲料等物资运输。

(三) 保持环境安静

褐马鸡性情敏感，易受惊吓，极易受人为和自然界干扰，特别是饲养繁殖个体的笼舍，应选择在环境相对安静、远离喧闹的地方建设。

(四) 做好功能分区

根据饲养褐马鸡数量和用途，从种群管理角度，可将褐马鸡笼舍分为繁殖笼舍、展示笼舍和护理笼舍，其饲养设施的要求略有不同，主要在于饲养场所的位置、笼舍设施及笼舍面积不同。繁殖笼舍以繁殖为主，应选择相对安静的场地，成对饲养，一般不对游客开放；展示笼舍以向游客展示为主，选择园区内利于褐马鸡饲养、便于游客参观的场地，根据饲养面积成对或成窝饲养；护理笼舍养护老、弱、残个体，不适宜向游客展示，也不能用于繁殖，可以将几只饲养于一个笼舍内。

二、 笼舍设计

(一) 笼舍结构

褐马鸡虽然较耐寒，但在北方地区饲养褐马鸡，要考虑建造室内笼舍（简称内舍）和室外笼舍（简称外舍）。内舍可以抵御冬季寒冷，以实墙结构为宜，四面到顶，前后面留窗户，前侧留门，通向外舍。外舍以围网为主，三面有 30～50cm 高的墙围，可用砖或水泥做墙围，通风良好，便于观察，游客参观效果好。南方地区内舍可以设计为三面实墙，阳面开放或半开放。

(二) 笼舍大小

褐马鸡生性机警，不善飞翔，一般成年褐马鸡成对饲养，建议褐马鸡笼舍高度不低于 2.5m，每对褐马鸡笼舍面积不宜低于 35m²，其中，内舍不少于 4m²。

(三) 光照与通风

在北方地区，室外展区的朝向保持东南方向为宜，以使展区尽量长时间地获得阳光照射，在寒冷的冬季减少来自西北方向的冷风直吹。所以，北方地区笼舍应坐北朝南建设，内舍建在北侧，外舍建在南侧。以自然通风为主，在炎热的夏季可同时打开笼舍南北两侧的窗户。合理的通风能够降低笼舍温度，保持笼舍内空气清新。太原动物园繁育区笼舍见图3-1。

图3-1　笼舍坐北朝南　|　（张丽霞 摄）

（四）笼舍地面

褐马鸡白天多在地面活动、采食、休息，也在栖架上休息。褐马鸡有地面刨食的习性，土地面更利于褐马鸡刨食，但笼舍地面硬化便于清洁消毒，所以可以将褐马鸡内舍地面硬化，外舍地面部分硬化或不硬化，种植小灌木、草坪草等绿植。褐马鸡笼舍不同地面见图3-2至图3-5。但是笼舍面积不够大时，褐马鸡会对草坪、小灌木和乔木进行破坏（彩图17、彩图18）。笼内地面宜高出笼外地面10～20cm，利于排水，保持干燥。

图3-2　砖铺地面　|
（张丽霞 摄）

图3-3　部分硬化地面　|
（张丽霞 摄）

图 3-4　水泥硬化地面
（皇甫冰 摄）

图 3-5　土地面
（郝竹梅 摄）

（五）室外笼舍

雉鸡类动物饲养展示禁止使用玻璃橱窗或玻璃幕墙，褐马鸡也同样如此。外舍最好用软网作顶网，可以避免动物飞撞时的伤亡。可以使用不锈钢等材质的网，网可以在动物撞击时缓解冲击力，减少对动物的伤害。太原动物园新建饲养褐马鸡的笼舍采用砖网结构，墙裙实墙高150cm（其中地下100cm、地上50cm），墙体上部及顶部可用方钢或圆钢管做笼舍骨架。钢管之间用不锈钢网片连接（图3-6）。如果对笼舍使用年限要求不高，可以降低标准，如选用普通金属网、注塑网等。网孔可以缩小到2.5cm×2.5cm。网孔更小一些，对饲养的褐马鸡影响不大，但是会影响游客参观效果，同时会对饲养人员从笼舍外观察动物情况造成障碍。

不锈钢网网眼：太原动物园室外笼舍网眼为边长3.2cm×3.2cm、对角线长4.2cm×4.6cm的菱形网眼（图3-7），这样的网眼，游客参观效果较好，但刚出壳的小褐马鸡可以无障碍通过。为防止小褐马鸡串笼，可以在网子底部往上1m，加装网眼为1cm的密网，或者用竹帘子、竹片等做遮挡（图3-8）。

图 3-6　室外笼舍结构　│（张丽霞 摄）

图 3-7　笼舍网眼　│（张丽霞 摄）

图 3-8　相邻笼舍间物理遮挡　│（张丽霞 摄）

相邻笼舍间也应进物理遮挡，避免相互干扰。为了更好地繁殖，要减少人为干扰。笼内宜多种植一些灌丛或堆砌山石，搭建栖架（彩图 19），利于动物栖息、隐蔽；还应设小的隔离笼，以减少不发情的雌鸡被雄鸡过分追逐。

（六）笼舍轮换

动物园动物饲养具有特殊性，大部分动物自出生起就一直在园内生活，甚至可能是在同一个笼舍内生活。长期在一个笼舍内生活对动物发育、繁殖等不利。轮牧是一种放牧方式，指通过定期轮换草场，利用有限的牧场饲养更多的牲畜，同时保持草场的质量。近些年，动物园借鉴轮牧的经验，丰富了笼舍轮换的展出方式内涵，从笼舍设计阶段就开始考虑，将几个独立展区组成一个展出群组，每个单独展区都通过精心设计并实现对不同展出物种多方面的适应，通过分配通道调整展区间与动物容置空间，以使动物在不同的时间段出现在不同的展区，为动物提供更多的选择、更多变化的环境和更具挑战的环境刺激，满足饲养管理、行为发育、繁殖等的要求，提高动物福利。

褐马鸡对笼舍草坪等绿植破坏严重，通过笼舍轮换，也可以利用时间差对破坏的绿植进行补种和维护。

三、 常规设施

（一）饮水池

所有室外展区，都必须为动物提供饮用水。饮用水的供应设施和方式必须符合动物饮水的行为特点。动物饮水的池塘或溪流等应符合自然风格，同时必须注意水深，不会给动物和操作人员带来危险。

褐马鸡笼舍内宜设置 2 个饮水池，饮水池用砂石、水泥、砖砌均可，长×宽×高为 50cm×50cm×10cm，深 5～10cm，饮水池左右两侧设置成缓坡状，方便清洁（图 3-9）。没有饮水池也可使用水盆、商用饮水壶（图 3-10）等代替。褐马鸡饮水量不大，但要每天更换清洁饮水。褐马鸡采食后，有时喙上留有食物

图 3-9　水泥饮水池
（皇甫冰 摄）

图 3-10　商用饮水壶
（张丽霞 摄）

残渣，然后去喝水，会把食物残渣掉入水中，甚至有时可能会在饮水中排便。2 个饮水池可以轮流使用，每天使用一个，保持另一个干净、干燥一天；饮水壶、水盆要每日清洗，夏天尤其重要。

（二）栖架

在野外褐马鸡晚上是树栖过夜的，所以饲养褐马鸡的笼舍内要设置栖架，如在褐马鸡常栖息的墙角和屋檐下架设一些木质的栖架。栖架可固定也可不固定，但要稳固。要有至少两个栖架，以供褐马鸡选择。栖架可根据需要调整位置，夏天一般两个都放在室外不淋雨和不直接晒太阳的地方；冬天可以把一个放在室外能晒到太阳的地方，一个放在室内。栖架材质宜选择实木，长 50~200cm，高 50~200cm（彩图 20、彩图 21），也可用整根树干作栖架（彩图 22），斜靠放入笼舍内，根据笼舍的大小确定位置，不能影响人员打扫笼舍等日常操作；离笼舍顶部 50cm，距离顶部太近不利于褐马鸡起降，同时可能遭受笼舍外天敌的伤害。应在不影响动物活动的地方安装栖架，以防止因为动物受惊而飞撞到栖架上造成伤亡。

（三）沙子

饲养褐马鸡笼舍内应放置沙子。

1. 对沙子的要求 要求放入笼舍内的沙子干净、无病原体。沙子大小及比例适当，含有一定量（5%～10%）的小颗粒，颗粒直径以 3～8mm 为宜。不宜全部使用细沙。沙子需定期更换。

2. 沙子的作用

（1）褐马鸡没有唇和牙，胃分为腺胃和肌胃。腺胃主要分泌胃液。肌胃肌肉很发达，内有黄色的角质膜。发达肌肉的强力收缩，可以磨碎食物，起到类似牙齿的作用。褐马鸡在采食一定的沙子后，肌胃的这种作用，有助于褐马鸡对食物的消化。

（2）干燥的沙子或碎石子可作为褐马鸡矿物质的补充来源。

（3）褐马鸡喜沙浴，沙浴可以帮助褐马鸡清洁身体，减少体表寄生虫。

（4）供褐马鸡躺卧休息（图3-11）。

图 3-11　褐马鸡在沙子上躺卧休息　|　（樊丽萍 摄）

（5）帮助褐马鸡磨喙、磨爪。

(四) 遮阳

所有室外展区，都必须为动物提供遮阳设施，保证褐马鸡有躲避夏日烈阳的地方。

1. 遮阳材料 可种植绿植（彩图 23），如在外笼侧面种植藤蔓植物，爬上笼顶后可以遮阳，但也要定期修剪，以防过于密集而影响采光；也可选择使用竹片或黑色塑料网等（彩图 24）。

室外笼舍顶部可使用宽约 5cm（宽度要求不严格）的竹片，一字排开，固定在顶部网子上。竹片固定好后，可以连续使用多年。

黑色塑料网遮盖操作简单，但使用寿命短，同时要防止老化掉落的塑料碎渣被褐马鸡食入，须定期更换。

2. 遮阳面积 室外笼舍顶部的遮阳设施一般覆盖顶部网面积的 1/3～2/3，既要保证夏季遮阳，又要留出未遮盖的空间用于冬季晒太阳。

四、 兽害防控

笼舍应设置防止黄鼠狼等兽害的设施：①建造笼舍时，笼舍四周用混凝土等给墙裙打地基，地基深 1m、宽 25cm，上部 30cm 宽 1m（墙内外各 50cm）。②地基往上建 50cm 高的矮墙，在矮墙上再做网子。③在笼舍网子外围从底部往上覆盖一层密网，网眼为 1cm×1cm（图 3-12）。固定密网时，所有的铁丝头

图 3-12　笼舍外围密网　|（张丽霞 摄）

朝向笼舍外，防止朝向笼舍内造成动物受伤。

第二节 | 营养管理

一、营养成分分类

（一）能量饲料

能量饲料是指干物质中饲料粗脂肪含量低于18％，粗蛋白质含量低于20％的饲料。谷实类饲料属于常用的能量饲料。

在褐马鸡日粮中，禾本科籽实利用得非常广泛，如高粱、大麦、小麦、稻谷、燕麦等。这类饲料含有丰富的无氮浸出物，占干物质的8.9％～13.5％，含有一定数量的脂肪。但蛋白质的数量不足，尤以赖氨酸和蛋氨酸不足。这对动物生长是不利的。可以与豆类籽实共同配合，利用蛋白质的互补作用，提高其营养价值。

谷物籽实（小杂粮）一般含钙不足，而含磷偏高，钙磷比例对所有动物都不适宜；且谷物中磷多为植酸磷，褐马鸡不能利用。因此，在喂谷实类饲料时，应注意适当补钙。同时，这类饲料还缺乏维生素 A 和维生素 D，仅含有少量胡萝卜素。B 族维生素多存在于糊粉层和胚质中，糠麸中 B 族维生素较丰富。

由于褐马鸡有食粒性，可以选择谷实类颗粒饲料直接饲喂，如大米、小米、绿豆、麻子、高粱、小麦等（图 3-13）。

小麦为人类最重要的粮食作物之一，小麦相比于玉米能值低、粗蛋白质含量高。小麦

图 3-13　小杂粮 ｜ （焦瑞芝 摄）

含 B 族维生素和维生素 E 丰富。

高粱中一般含有单宁，单宁会影响适口性，且与蛋白质和消化酶类结合干扰消化过程。实际饲喂中，高粱饲喂量宜控制在 10% 以内。常用谷实类饲料的营养成分见表 3-1。

表 3-1　常用谷实类饲料营养成分

（引自杨月欣等，2011）

名称	食部（%）	水分（g）	蛋白质（g）	脂肪（g）	不溶性纤维（g）	能量（kJ）
大米	100	13.3	7.4	0.8	0.7	1 452
小米	100	11.6	9.0	3.1	1.6	1 511
绿豆	100	12.3	21.6	0.8	6.4	1 376
胡麻子	98	6.9	19.1	30.7	30.2	1 884
高粱米	100	10.3	10.4	3.1	4.3	1 505
小麦	100	10	11.9	1.3	10.8	1 416

注：以每 100g 可食部计。

（二）蛋白质饲料

繁殖季节应适当给褐马鸡补充蛋白质饲料，以促进繁殖。

可以选择直接饲喂面包虫、蟋蟀、蚂蚱等，也可以在自制颗粒饲料或窝头中增加豆粕、鱼粉含量。注意：鱼粉极易变质，在实际使用中要注意鱼粉的储存条件和储存时间，经常检查，发现变质的要果断丢弃。

野外褐马鸡幼雏会采食蚂蚁卵，有条件的可以饲喂蚂蚁卵或蚂蚁。不推荐给褐马鸡饲喂鸡蛋或者熟鸡蛋，容易造成啄蛋。

（三）矿物质

（1）常量元素　在矿物质中，褐马鸡对钙和磷的需要量最多。钙是骨骼的主要成分，蛋中钙含量也多，特别是蛋壳主要由碳酸钙组成。钙对于凝血以及与钠、钾在一起保持正常的心脏机能都是必需的。雏鸡缺钙会引发软骨病；成鸡缺钙时蛋壳变薄，产蛋减少。钙在一般谷物中含量很少，应注意补充，一般在实际配合饲料中使用碳酸钙。在实际饲养中，也可能因为强调钙的重要性而出现钙量过多的现象。钙量过多有碍雏鸡生长，影响镁、锰、锌的吸收。

磷也是骨骼的主要成分，组织和脏器中含磷也较多。磷在碳水化合物和脂肪代谢以及维持机体的酸碱平衡中也是必要的。缺磷时，动物食欲减退，生长缓慢，严重时关节硬化，骨骼易碎。饲料中磷过多会使蛋壳质量变差，破蛋增多。实际配合饲料中通常使用磷酸氢钙。

实际饲喂中，除了注意满足钙和磷的需要量外，还要注意钙、磷的适当比例。两者的比例适当有助于钙、磷的正常吸收利用。

食盐具有维持体液渗透压和酸碱平衡的作用，促进饲料中氮的利用，可有效地预防啄羽、啄肛、啄冠等。同时，食盐具有调味剂的作用，可刺激唾液分泌，提高饲料适口性，增强动物食欲，提高采食量。缺盐动物食欲不振、体重蛋重减轻，钙的利用率降低，产蛋率下降。

但禽类对食盐耐受量小，日粮中食盐配合过多或混合不匀，且喂水不足，易引起中毒。

（2）微量元素 锰与骨骼生长有关，锰不足时雏鸡骨骼发育不良，生长受阻。

锌在禽类体内含量甚微，但分布很广，骨、毛、肝、胰、肾、肌肉和许多酶类都含有锌。

铁存在于血红蛋白组织细胞的某些氧化酶中，铁不足时会引发贫血。

碘与甲状腺机能活动有关，缺碘时可引起甲状腺肿大。

硒过量容易引起中毒，使用时要格外小心。

在自制颗粒饲料或窝头中，应按照饲料配方添加微量元素，可以选择禽用多种微量元素，按说明添加。

微量元素添加剂使用注意事项：所选用的添加剂要有较高的生物学效价，即动物能消化、吸收、利用，并能发挥特定的生理功能；注意添加剂的规格要求；含杂质少，有毒有害物质在允许范围内；考虑添加剂价格、适口性、理化性质、细度等；严格控制用量，有的元素有毒，不可随意加大某种元素的添加量，严防中毒事故发生；添加时计量准确，混合均匀。

（四）维生素

维生素是调节动物生长、生产、繁殖和保证动物健康所必需的一类微量营养物质。它既不是动物的能源物质，也不是结构物质，却是机体物质代谢过程的必需参与者，缺乏时会引起动物代谢障碍。禽类对维生素的需要量甚微，但它们在禽类体内物质代谢中起着重要作用。禽类消化道内微生物较少，大多数维生素在体内不能合成，必须从饲料中摄取。缺乏时则造成物质代谢紊乱，影响生长、产蛋和健康。

通常维生素分为脂溶性维生素和水溶性维生素，脂溶性维生素包括维生素 A、维生素 D、维生素 K、维生素 E，水溶性维生素包括 B 族维生素和维生素 C。可由机体合成的称为内源性维生素，需由饲料中提供的称为外源性维生素。

许多维生素都不稳定，在光、热、潮湿、微量元素、酸败脂肪等条件下很容易氧化变质或失效，在配合饲料中常因接触空气面积增大而使氧化作用加快。

维生素 A（促生长维生素）：有维持上皮细胞和神经组织的正常机能，促进生长，增进食欲，促进消化，增强对传染病和寄生虫病的抵抗能力等作用。维生素 A 不足时，禽类消瘦，羽毛杂乱，易患干眼病，呼吸道和消化道感染疾病的机会增加，产蛋下降，孵化率降低。维生素 A 是动物机体最重要且易缺乏的维生素之一。维生素 A 在鱼肝油中含量丰富。胡萝卜、苜蓿干草中含胡萝卜素较多，经水解后可变成维生素 A。

维生素 D：与禽体内钙磷代谢有关，缺乏时雏鸡生长不良，羽毛粗乱；腿部无力，常行走几步即蹲伏休息。喙、脚和胸骨软而易弯曲，踝关节肿大；禽类蛋壳变薄或产软壳蛋，继而产蛋率和孵化率下降，骨质软化，骨变脆、易折。

维生素 E：与核酸的代谢以及酶的氧化还原有关。鸡处于逆境时，维生素 E 需要量增加。维生素 E 在青饲料、谷物胚芽和蛋黄中含量较多。

维生素 K：是动物维持正常凝血所需的一个成分。维生素 K 缺乏时，易患出血病，凝血时间长。

硫胺素：与保持糖类代谢和神经机能正常有关。硫胺素在糠麸、青饲料和干草中含量丰富。

核黄素：对体内氧化还原、调节细胞呼吸起重要作用，是 B 族维生素中对禽类最为重要而易感不足的维生素之一。核黄素在青饲料、甘草粉、酵母、鱼粉、糠麸和小麦中含量较多。

烟酸：是某些酶类的重要成分，与碳水化合物、脂肪和蛋白质代谢有关。

在自制颗粒饲料中可选择添加禽用多种维生素，按说明添加。

在动物处于应激等状态时，可以在饲料或饮水中按说明添加多种维生素。

（五）水

水为维持生命活动必需和蛋的重要成分。环境温度与饮水量呈比例关系，一般在适温的情况下，饮水量为采食量的 1.5～2 倍。饲养褐马鸡过程中，要注意饮水足量供应，同时要保证饮水质量。

1. 蔬菜、水果 野外褐马鸡的食谱以植物性食物为主，种类繁多。菜类和果类饲料主要是为动物提供所需的维生素、可溶性无机盐及碳水化合物等，帮助消化，促进食欲。在人工饲养中，人类常食用的多种蔬菜水果褐马鸡都可以采食，如油菜、油麦菜、圆白菜、番茄、胡萝卜、南瓜、苹果、香蕉等。

蔬菜水分含量高，维生素含量丰富。叶菜类蔬菜，如油菜、油麦菜、茴子白等种类多、来源广、数量大，且营养丰富、易消化，叶菜中还富含有铁、钾、钙等矿物质，用于饲喂褐马鸡方便、效果好。胡萝卜、苹果、南瓜均产量高、易栽培、耐储藏、营养丰富，并且价格较低。胡萝卜在生产实践中主要是作为多汁饲料和提供胡萝卜素之用。胡萝卜含有一定数量的蔗糖、果糖，具有多汁性，能改善日粮的适口性，又能起到调节消化机能的作用。水果含有丰富的维生素C、糖分、无机盐和有机酸类，用于饲喂褐马鸡，不仅可提供上述营养物质，而且能提高日粮的适口性，促进消化和吸收。

常见蔬菜水果的营养成分见表3-2。

表3-2 常见蔬菜水果营养成分

（引自杨月欣等，2011）

名称	食部 （%）	水分 （g）	蛋白质 （g）	脂肪 （g）	不溶性纤维 （g）	能量 （kJ）
油菜	87	92.9	1.8	0.5	1.1	103
油麦菜	81	95.7	1.4	0.4	0.6	69
胡萝卜	96	89.2	1.0	0.2	1.1	162
南瓜	85	93.5	0.7	0.1	0.8	97
西红柿	97	94.4	0.9	0.2	0.5	85
苹果	76	85.9	0.2	0.2	1.2	227
香蕉	59	75.8	1.4	0.2	1.2	389

注：以每100g可食部计。

（六）其他

1. 葱 味辛、性热，有通阳气、散阴寒、利尿祛痰、健胃、抗菌等多种功效。马玉胜（2001）报道，夏季高温，在日粮中添加鲜葱可以显著提高肉仔鸡平均日增重。

2. 蒜 具有一定的杀菌作用，定期或不定期饲喂一些蒜，可以起到疾病预防作用。蒜可以整头饲喂，也可以分瓣饲喂，还可以在自制颗粒饲料中添加。

二、 日粮组成

（一）营养标准

目前主要以家禽营养标准（表3-3）和褐马鸡野外采食情况作为参照为褐马鸡配制饲料。在日常饲养中可参照生长期蛋鸡营养标准，但要注意即便褐马鸡在产蛋期，日粮调配也不能完全参照蛋鸡产蛋期饲养标准。

表 3 - 3　生长蛋鸡营养需要

(引自熊本海等，2010)

营养指标	0～8 周龄	9～18 周龄
代谢能（MJ/kg）	11.91	11.70
粗蛋白质（%）	19.0	15.5
钙（%）	0.90	0.80
总磷（%）	0.70	0.60
钠（%）	0.15	0.15

(二) 日粮拟定依据

1. 根据褐马鸡食性和生理特点拟定　参照现代养禽技术，分析褐马鸡日粮中的能量、粗蛋白质、粗脂肪、粗纤维、矿物质、维生素等，不足部分予以额外添加。考虑到褐马鸡生活习性，以颗粒状饲料为主。根据丰容管理需要，蔬菜水果可以少加工甚至不加工直接饲喂。

2. 根据当地饲料原料条件拟定　在当地饲料供应中，选择质优价廉的种类，并根据季节和原料价格变化，更换水果蔬菜品种。

3. 根据褐马鸡不同生理阶段拟定　根据育雏期、育成期、发情繁殖期、成年不发情期、老年期、生病期等不同生理时期调整饲料营养需要量。

4. 注意饲料适口性　褐马鸡和众多禽类一样，偏向于采食颗粒状食物，尽量避免直接饲喂干粉状饲料。

5. 注意饲料容积　在配制饲料时，注意饲料组成既要满足褐马鸡需要的各种营养成分，同时又要保证褐马鸡所采食的饲料量正好达到"饱腹"的感觉。饲料容积太大或太小容易造成动物营养需要已满足但感觉"饥饿"，或者动物都吃"撑"，营养却得不到满足。

（三）日粮配比

人工饲养时，褐马鸡的日粮由配合饲料和果蔬组成，各单位根据所在地和市场供应情况，选择供给适用的饲料。配制日粮时，应注意以下几点。

（1）饲料的种类尽可能多一些，保证营养物质完善，提高饲料的消化率。

（2）注意饲料的品质和适口性，绝不能饲喂发霉变质的饲料。

（3）根据当地条件，选择价格合适、易得的饲料品种，做到既能满足动物的营养需要，又方便易得，同时降低日粮成本。

（4）注意饲料的纤维含量不能过高。

（5）日粮发生变动时，要逐渐调整，不能一次性做大幅度变动。

表3-4至表3-6为北京动物园和上海动物园褐马鸡日粮配方，供参考。

表3-4 褐马鸡日（每天每只）粮配方（北京动物园）

饲料	用量（g）
雉鸡软料	250
油菜	20
油麦菜	20
黄瓜	20
西红柿	20
大葱	20
苹果	20
香蕉	20

表3-5 褐马鸡日粮营养含量（北京动物园）

营养成分	含量
粗蛋白（%）	37.60

（续）

营养成分	含量
粗脂肪（%）	9.55
粗纤维（%）	2.6
能量（kJ）	1 663.80

表 3-6　褐马鸡日粮（每天每只）组成（上海动物园）

饲料种类	夏季用量（g）	冬季用量（g）
水果类	苹果 12、西瓜 25	苹果 20
蔬菜类	青菜 27、大蒜 22	青菜 27、大蒜 22
肉类	肉浆 21	肉浆 21
人工配合饲料	雏鸡料 25	雏鸡料 35
自制精料	窝头 50	熟鸡蛋 23、窝头 64
其他	玉米粒 45、面包虫 5	玉米粒 45、面包虫 8、麦芽 8、高粱 10

注：①苹果、青菜、大蒜、肉浆、窝头、熟鸡蛋上午饲喂，雏鸡料、玉米粒下午饲喂。

②麦芽为小麦浸泡发芽后产物，提供给有采食谷物种子习性的鸟类，可促进其发情。

③麦芽上午饲喂，高粱下午饲喂。

三、配合饲料

配合饲料是以粉状饲料为基础经过加工处理而制成的饲料。配合饲料可以根据动物营养需要和饲料成本进行选择配合；根据需要添加各种微量元素、维生素等；改善饲料适口性，避免动物挑食；在储运过程中不易分级。

1. 自制颗粒饲料　颗粒大小可以参照成年家鸡饲料的颗粒大小，粒径以 5～8mm 为宜。北京动物园雏鸡颗粒饲料主要成分见表 3-7 至表 3-9。

表 3-7　北京动物园雉鸡颗粒饲料配比

（引自刘赫等，2019）

名称	占比（%）
玉米	60
大麦	2
豆粕	13
麸皮	8
碳酸钙	2.5
磷酸氢钙	0.4
食盐	0.1
鱼粉	4
苜蓿粉	5
预混料	5

表 3-8　北京动物园雉鸡颗粒饲料的主要营养成分

营养成分	含量
粗蛋白（%）	17.20
粗脂肪（%）	3.89
粗纤维（%）	4.34
能量（kJ）	1 191.09

表 3-9　雉鸡预混饲料的主要营养成分

（引自刘赫等，2019）

营养成分	含量	营养成分	含量
维生素 A（IU/kg）	6 万～20 万	维生素 B_{12}（mg/kg）	≥0.65
维生素 B_1（mg/kg）	≥36	维生素 D（IU/kg）	2 万～10 万
维生素 B_2（mg/kg）	≥100	维生素 E（IU/kg）	100～700
维生素 B_6（mg/kg）	≥75	维生素 K（mg/kg）	≥50

（续）

营养成分	含量	营养成分	含量
烟酰胺（mg/kg）	≥720	硒（mg/kg）	1～10
泛酸钙（g/kg）	≥140	叶酸（mg/kg）	≥11
氯化胆碱（g/kg）	≥2	铜（g/kg）	0.05～0.7
生物素（mg/kg）	≥1.5	铁（g/kg）	0.4～3
锌（g/kg）	0.5～3	钙（%）	11～22
锰（g/kg）	0.6～3	磷（%）	1～4
碘（mg/kg）	10～60	水分（%）	≤10

2. 自制窝头 很多动物园有自己的饲料室，每日自制颗粒饲料（图3-14）和窝头（图3-15）。自制颗粒饲料和窝头可以在一定程度上相互替代。

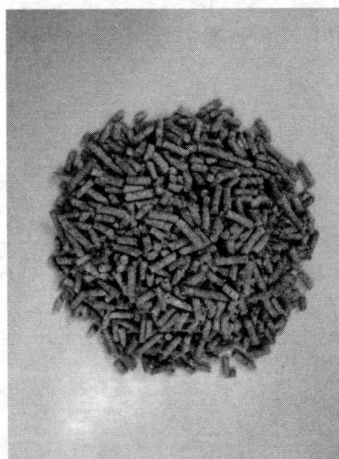

图3-14 自制颗粒饲料
（焦瑞芝 摄）

图3-15 自制窝头
（焦瑞芝 摄）

3. 商品颗粒饲料 褐马鸡雏鸡可以选择使用商品用蛋雏鸡颗粒饲料。

第三节 | 卫生管理

一、卫生

1. 饲料卫生 饲料不应来自污染区和疫区，应按《饲料卫生标准》（GB 13078—2001）、《粮食卫生标准》（GB 2715—2005）、《食品中污染物限量》（GB 2762—2005）执行。

饲料中的果蔬应定期进行农药残留检测，确保饲料的安全性。

饲料在投喂动物前应检查质量，过期变质的饲料不能投喂动物。

2. 饮用水卫生 饮用水应符合现行国家标准《生活饮用水卫生标准》（GB 5749—2022）的规定。

3. 环境卫生 笼舍及展区地面每日进行清扫，保证无食物残渣及粪便污物等；墙壁、围栏、门等处无粪便污物及蛛网等；玻璃保持干净；保持空气流通。

4. 设备器具卫生 饮食盆/槽应每日清洗，清洗后达到盆/槽表面无粪便、泥水等，内壁无黏液、苔藓等。饮水池应每日清洗，保证干净等。

下水口应放置水箅子；及时清除笼舍及展区冲刷后残余的废渣，保持下水通畅无阻。

5. 垫料卫生 垫草要保持干燥，无尘土、粪便、污物。垫砂要干燥、松软，无粪便污物。

二、消毒

应根据消毒对象，采用合适的消毒方法。

（一）消毒方法

消毒分为物理消毒法、化学消毒法和生物消毒法。物理消毒法包括使用高温、高压、干燥、焚烧、紫外线照射等。化学消毒法包括使用化学试剂进行熏蒸、喷洒、浸泡、涂抹等。生物消毒法包括填埋、堆放发酵等。

（二）消毒工作

1. 预防性消毒 饲养和展出动物的笼舍和展厅，北方地区夏季每周进行一次消毒，冬季每两周进行一次消毒；南方地区全年每周进行一次消毒；有铺垫物时，应先清理铺垫物，再进行消毒。每年春季和秋季对整个饲养和展出及周边场地各进行一次大规模消毒。

饲喂动物的水果、蔬菜在投喂前，用 0.1% 的高锰酸钾泡 20min 后，再用清水洗净。

所有饲料制备器械，每日必须消毒一次。饲料制作场所，每周必须消毒一次。送料设备每日必须清洗，每周必须消毒一次。

2. 临时性消毒 每次动物进入新的笼舍或展区前，都必须对笼舍和展区进行全面消毒。动物每次更换垫材时，都要对笼舍或展区进行全面消毒。动物笼箱在使用前必须先消毒。人工孵化的卵，进入孵化箱前应进行消毒。

在发生传染病时，必须对疫区进行全面消毒，并依据相关管理规定调整消毒的范围和频次。患病动物在治疗期间每天都应对其所处环境消毒，当治疗结束后再进行全面消毒。

对于寄生虫感染动物，驱虫后，必须对其笼舍和展区进行全面消毒。

3. 消毒注意事项

（1）*消毒的方法* 以安全高效为原则，根据具体情况选用不同的消毒方法。例如笼舍和展区，可选用喷洒消毒药；饲料盆/槽、饮水盆/槽等，可选用消毒药浸泡；室内兽舍，可选用紫外线照射。密闭的大空间可选用熏蒸消毒。

（2）*消毒药的选择* 科学选择消毒药。很多消毒药具有一定的特异性。因此，在选用消毒药时，一定要考虑其特性，根据实际情况科学地选用。

（3）消毒药的浓度　消毒药的消毒效果一般与其浓度有关。因此，应根据实际情况选用不同浓度的消毒药，以达到最为理想的消毒效果。

（4）外界因素的影响　首先有机物会影响消毒效果。消毒过程中，若待消毒的环境中或设备设施上存在粪便、痰液、血液及其他排泄物等有机物，则将影响消毒效果。此类情况，应先用清水将环境、设备设施等清洗干净，再进行消毒。对于不能消毒前清除有机物的情况，应选用受有机物影响比较小的消毒药；同时适当提高消毒药的用量，延长消毒时间，以达到预期效果。其次环境的温度、湿度以及消毒时间均会影响消毒效果。温度升高，能够增强消毒药的消毒效果，并能缩短消毒时间；湿度过低，也会造成消毒药消毒效果的下降。而在其他条件都一定的情况下，作用时间越长，消毒效果越好。最后，许多消毒药的消毒效果还受到消毒环境 pH 的影响。

（5）注意动物及人员安全　在消毒时，应尽量将动物转移出消毒区域。如动物不能转移，就要选择毒性和刺激性较小的消毒药，并尽量避免动物接触消毒药。很多消毒方法和消毒药对人体有一定的损伤。例如高浓度 84 消毒液和紫外线会对皮肤和黏膜有损伤，过量臭氧会对呼吸道造成损伤。因此，在消毒操作过程中也要注意人员安全。

（6）消毒操作　配置好的消毒液，在使用前应摇匀。喷洒药液时必须全面，不可有漏喷的地方。果蔬消毒后，必须冲洗干净才能投喂动物。

第四节 | 饲养展示管理

褐马鸡是留鸟，具坚硬的喙、强有力的腿，雌雄鸡羽色没有明显差别（图 3 - 16）。营地面巢，雏为早成鸟。

图 3-16 一对褐马鸡 ｜（樊丽萍 摄）

一、 日常饲养

（一）饲养方法

饲料形状：褐马鸡喜欢吃粒状饲料，多采用颗粒状或整个叶片饲喂。

饲喂方式：饲料可以是干喂也可以是湿喂。湿料适口性好，但容易变质，必须现喂现拌，保持新鲜，防止腐败或冻结。实际饲养中多采用干料饲喂。

饲喂量：由于褐马鸡基本采用成对单笼饲养，饲料损耗量相对较大；加之有些动物园为了游客参观展示效果，外围网的网眼较大，一些野鸟可以自由出入褐马鸡笼舍抢食食物，所以虽然褐马鸡体型与家鸡相近，但在实际饲养中每日饲喂给褐马鸡的饲料量会比商品用鸡的大。

饲喂方法：成年褐马鸡一般每天饲喂 2 次，分别是上午9：00和下午 16：00，每天的饲料量可以上午、下午平均饲喂，也可以上午多喂些，下午少喂些。颗粒料直接饲喂；水果蔬菜可以大块饲喂，也可以切成小块饲喂；谷物颗粒和面包虫可直接置于食盆内饲喂，也可以置于笼舍内沙子或垫草中饲喂，以增加褐马鸡取食时间，发挥食物丰容作用。

为防止饲料浪费，应注意：饲料配合要合理；每次饲喂不能过多；加强饲料保管，预防被甲虫类和鼠类侵害。

（二）特殊生理阶段饲料要求

1. 发情繁殖期　在发情前期和发情期，应保证褐马鸡食物足量供应，确保能量充足。适当提高日粮中蛋白质含量，具体可以在饲料中添加面包虫，每只每日 5～10g；适当提高日粮钙含量到 1.5%～2%，以保证日后产蛋对钙的需要；略提高日粮中的磷含量；适当添加多种维生素等；待产蛋结束，恢复正常水平。

2. 育雏期　褐马鸡雏鸡对蛋白质特别是优质蛋白需要量高，在野外多采食蚂蚁卵，在笼养条件下，可以人工添加面包虫、蚂蚱等代替。刚出壳的小鸡可以每天饲喂 2 次面包虫，每次可以管饱饲喂，两次饲喂中间可以喂给其他饲料（可以使用商品用雏鸡饲料，紧急情况可以用小米救急）。为了提高小鸡抵抗力，可以根据实际情况在饮水中添加葡糖糖、高锰酸钾或维生素等，并可以根据当地发病规律，定量饲喂预防药物。

3. 生病护理期　褐马鸡生病期间，能不捕捉尽量不捕捉；药物能采用饮水、拌料喂药的，就不采用肌内注射方式。因为捕捉本身对褐马鸡造成的应激很大。如果采取每天 2 次肌内注射的方式为褐马鸡治病，则很可能捕捉的影响会大于疾病本身。

生病期间，可以适当饲喂单种或多种维生素。

（三）饲料更换原则

1. 饲料量不能骤然增减　饲料供应量应以褐马鸡采食量为准，不能骤然增减。

2. 饲料更换要逐步进行　更换饲料种类要逐步进行，每次更换饲料的量控制在饲料总量的 20% 以内为宜，更换时间持续 1～2 周的时间，逐步替换。褐马鸡需要有个逐步适应的过程。

3. 饲料更换尽量避开褐马鸡生理敏感期 饲料更换对褐马鸡算是一种应激因素，在生病、孵化等生理敏感期更换饲料容易加重机体负担。

4. 更换新饲料品种时要先进行小群试用 更换新的饲料品种，应先小范围使用，有问题及时调整或变更，再应用于大群。比如初次给褐马鸡饲喂大蒜时，褐马鸡对放入笼舍内的大蒜抱着好奇、戒备的心理，逐步缩小与大蒜的距离，而且对蒜瓣的接受速度要明显快于对整头蒜的接受速度。

二、 饲养注意事项

1. 褐马鸡易受惊，受惊后呈直线起飞，极易引起撞笼受伤。有病例显示，死亡剖检时可发现褐马鸡头部受过撞击（彩图25），所以每天清扫时应注意留有动物躲避的余地，清扫动作要轻、快。

2. 每年对整个笼舍和地面进行全面大消毒，更换沙子。

3. 夏季注意饲料卫生，杜绝饲喂发霉变质的饲料。

4. 褐马鸡的喙是不断生长的，如不能正常磨蹭可能会造成过度生长（彩图26），过度生长的喙会影响其正常采食，遇到此类情况要及时进行人工修剪（彩图27）或打磨；修剪喙时应注意不要剪到舌头，舌头中血管丰富，受伤后会流血不止，导致失血过多甚至死亡。修剪喙时应少剪、多次，防止一次性剪得过多；否则，易引起流血。

5. 褐马鸡每年3月份开始进入发情期，4月份产卵，注意保持环境安静。

6. 提供巢箱、巢材，做好产卵前的准备工作。

7. 产卵期间加强观察，掌握每只动物的产卵规律。产卵后及时取出，防止被啄食。

8. 准备新配对的褐马鸡，要先隔离熟悉一段时间，再合笼饲养。

9. 要防止发情不同期的雄鸡啄伤雌鸡。

三、 配对繁殖与人工授精

（一）配对繁殖

配对繁殖是通过选择适宜的个体进行自然配对，繁殖后代。

1. 适宜配对个体的选择条件　①健康、无身体残疾。②适龄。③遗传贡献大：参考褐马鸡谱系情况，优先选择对种群遗传贡献大的个体。

2. 配对方式的选择　可以依照褐马鸡习性让褐马鸡自由配对，也可以人工配对。自由配对是在集群期将褐马鸡集群饲养，进入繁殖后由褐马鸡自行选择配偶，已经配对成功的个体成对单笼饲养。人工配对，是根据褐马鸡的健康情况、亲缘关系、年龄情况等条件，人工选择最合适的个体进行配对。褐马鸡有一定择偶性，人工配对可能存在人选择的配偶，褐马鸡不喜欢的情况。因此，先把人工选择的两只个体，合笼饲养观察几天，双方能够接受，不严重打斗，即可作为繁殖对。否则，要重现选择，直至适合。

在实际饲养操作中可以两种方法结合使用，即每次将多只动物放在一起，由动物自己选择，把选择好的再分出来饲养。如太原动物园是集群期人工挑选 10 只（5 公 5 母）个体放在 5 个相连的笼舍内集群饲养，繁殖期自由配对，配对成功后成对单笼饲养。

3. 配对繁殖措施　保障配对的褐马鸡能够顺利繁殖成活，要做到以下几点。①保持环境安静。参与繁殖的个体最好饲养在专门的笼舍，保持环境安静。在游客参观环境中，褐马鸡很难实现成功繁殖。②在繁殖对褐马鸡单笼饲养。褐马鸡好斗，如果繁殖期多只饲养在一起，会造成褐马鸡之间的打斗，严重影响繁殖。③繁殖笼舍，夏季要做到通风良好，温度适宜。气温过高时要采取降温措施。④做好繁殖笼舍丰容，有隐蔽性，笼舍内设置沙池、栖架、繁殖巢，巢内铺垫巢材（垫草、沙、土等）。⑤相邻笼舍间设置视觉遮挡，在交配孵化期相互不受干扰。

（二）人工授精

人工授精是指以人工的方法采集动物精液，然后将精液注入发情的雌性动物生殖道的特定部位，达到配种的目的。可以使用新鲜或冷藏精液。人工授精对家畜家禽的品种改良和优良品种的推广起了很大的作用。近些年，人们把这项技术运用到了野生动物易地保护工作中，对珍稀物种的繁殖及种质保存发挥着越来越大的作用。

1. 人工授精适用情况 圈养繁殖是易地保护的一个重要手段，由于种种原因，圈养野生鸟类卵的受精率有时会很低，人工授精技术是提高鸟卵受精率的最直接方法。圈养褐马鸡出现以下几种情况时，可以考虑应用人工授精：

（1）处于繁殖年龄、自然配成对的褐马鸡雌雄个体，由于其中一方的原因，如损伤、身体畸形、雌雄个体差异悬殊或繁殖障碍等原因，导致自然交配难以成功。

（2）雌雄个体由于行为不协调，能产卵的雌性个体由于受到雄性同伴的攻击，而被迫单独饲养，或缺少能与之交配的雄性个体。

（3）有繁殖能力的雌鸡和雄鸡距离较远，无法自然交配。

（4）有时为提高某些种雄鸡的利用率，也需要采取人工授精方法。

以上原因使自然繁殖无法正常进行，或在正常饲养条件下褐马鸡卵受精率较低时，可应用人工授精技术来加以改善。

2. 采精、输精方法 褐马鸡人工采精用腹背按摩法，采精时用左手的拇指和食指按摩尾综骨周围，右手的拇指和食指轻轻挤压泄殖腔周围，当交配器露出时，左手稍用力挤压泄殖腔，右手持集精杯或细管收集精液，整个过程需要 10s 左右。人工授精操作需要两人共同完成，其中一人保定，另一人按摩输精。输精时，采用同样手法按摩，使泄殖腔周围肌肉放松并张开，进行阴道输精，输精器插入泄殖腔 1.5cm 为宜。采精输精用具有 5mL 集精杯，0.25mL 塑料细管和套管，2.5mL 塑料注射器（庞新博，2009；张雁云，2002；Spiller，1977；Wise，1977）。采精、输精过程中，应本着尽量降低对动物的伤害为原则。

3. 精液品质鉴定　在采精后 1～2min 内完成精液品质鉴定。

（1）直观检查　观察精液的色泽及清洁度，质量好的精液呈半透明、灰白色、黏稠状。

（2）密度和活力检查　取少量精液，用生理盐水按 2～10 倍稀释，用 200 倍显微镜检查精子密度和活力，将精子分为 5 个等级。

A 级：精子密集，80％以上精子活泼运动，无杂质。

B 级：精子间隙有空隙，70％以上精子活泼运动，偶见畸形精子及杂质。

C 级：精子空隙稍大，50％以上精子活泼运动，有少量畸形精子及少量粪尿。

D 级：精子量少，精子运动迟缓，畸形精子及杂质多。

E 级：偶见精子，杂质较多。

A、B、C 级可作输精用，D、E 级不可用。

4. 个体及时间选择　褐马鸡人工授精时，雄鸡选择 2～12 岁的个体，雌鸡选择能产卵的个体。人工授精在褐马鸡的繁殖期进行，即每年 4—6 月，授精操作宜在上午 7：00—9：00 进行。采精频率每 3d 1 次；输精在雌鸡产第 1 枚卵以后进行，将采出的精液马上输给雌鸡，或用生理盐水稀释分成 2～3 份分别输给不同的个体，每次输入 40×10^5 个以上的精子，能保证有 90％以上的受精率，雌鸡每隔 7～23d 输精一次（庞新博，2009）。

四、 丰容与训练

（一）丰容

环境丰容是指通过改变圈养环境来刺激健康动物表现出自然行为的方法。通过人为干涉的方法来激励动物表现出正常的行为，确保动物生理和心理的需要。例如，改进兽舍结构、喂食时间、社群结构，可能减少动物的踱步、拔毛（羽）等刻板行为，促进动物表现出类似在野外的自然行为。环境丰容是一种动态工作过程。

　　环境丰容有不同的分类方法，如展出环境丰容、食物丰容、社会性丰容、感官刺激等。展出动物的饲养环境应模仿该动物的自然生境，要求人们了解动物的自然栖息地相关知识，并不断改善。

1. 环境资源多样化

　　（1）作为展区背景的人造岩石墙、密集树木可以起到防风作用，在北方动物园展区设计中至关重要。

　　（2）在展区设计之初考虑丰容的融入方式，丰容设施可以作为展区内的固定设施，比如水池、人造岩石、木屑池等；临时性项目在展区内实施、运行，能更加丰富展出环境。

　　（3）丰容项目的位置选择应符合游客的参观需求。应将丰容设施或项目安置在游客视线范围之内，因为动物和丰容项目之间的互动是最精彩的展出内容之一，也是动物园开展现场讲解、保护教育的最佳平台。

　　（4）保持动物的动态和活力，为动物提供尽可能多的选择机会，发现其更多的兴趣点，并通过与环境刺激之间的互动实现对环境因素的操控。动物实现对环境因素的控制，是一种自我强化过程。充分、及时的正强化必然会塑造出充满活力的行为展示。

2. 褐马鸡笼舍丰容　　展出环境丰容：改善褐马鸡展出环境的自然因素，增加新奇的设施或改变设施放置方式等，会刺激动物自然行为的发生。例如，给动物提供沙浴的沙池、天然或仿真的植物、器具（如绳子、树枝）等，或饲料添加或位置的改变等，能够增加动物随机性的运动，刺激动物的探索行为、触觉功能和挖掘机会，扩大动物的活动空间等。

　　尽可能扩大展区的面积，以保证动物之间争斗时有足够的逃逸空间；多提供不同位置、变化多样的栖木。

　　（1）巢　　巢的结构十分重要，繁殖和展出时都需要。在环境中设置不同位置和形式的巢箱、原木洞、平台或者洞穴，能促进动物的筑巢行为，有助于繁殖。

巢的大小：参照野外调查数据，人工巢可以是长方体形巢箱，长 100cm，宽 50cm，高 50cm。

巢的位置：人工巢位置宜选择在室内笼舍安静的角落，不宜在室外笼舍游客面位置。

巢的数量：饲养 1 对成年褐马鸡繁殖对的笼舍，宜在室内笼舍不同角落设置 2 个巢。即巢的数量大于笼舍内雌性褐马鸡的数量，给褐马鸡选择的空间。

巢的设置：巢材可以选择干净、干燥的稻草、东北草等，将稻草剪成 10～20cm 的段，铺在巢内 10～15cm 高即可，中间可以人为制作一个浅窝。

(2) **躲避设施** 为了防止同笼褐马鸡之间打斗，在褐马鸡受到惊吓时有一个可以躲避的地方，宜在笼舍内设置躲避设施。躲避设施最小空间应可容纳 1 只褐马鸡进出，也可以使用小木箱（图 3-17、图 3-18）。笼舍内宜种植一些低矮灌木用于动物隐藏躲避，盆栽的植物和树木都可以起到栖木的作用，也可以起到

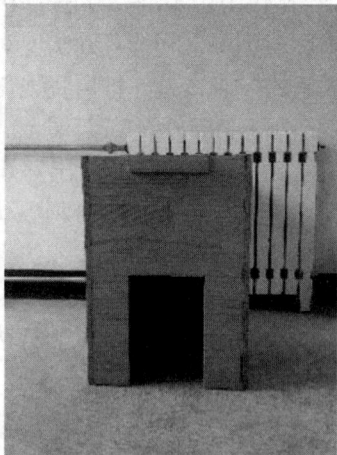

图 3-17　木箱正面
（张丽霞 摄）

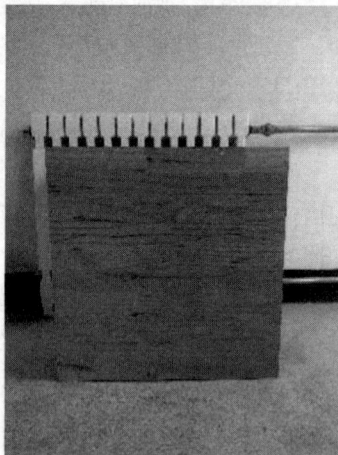

图 3-18　木箱侧面
（张丽霞 摄）

避免阳光暴晒、躲避恶劣天气、作为攻击屏障的作用。褐马鸡栖卧于绿植后面时，游客从正面看不到动物，只能从侧面观察（彩图28、彩图29）。

（3）垫料

垫料的种类：如沙子、泥土等都可以给鸟类提供泥土浴，草坪也是很好的选择。垫草可以是干稻草、干麦秸秆、干羊草等相对质软的干草类。

垫料的作用：①躺卧。褐马鸡笼舍内的垫草可以供褐马鸡躺卧休息。②巢材。可以将垫草剪短做巢内的铺垫物。③丰容。褐马鸡会将垫草衔到笼舍的不同地方，增加其活动时间，丰富其活动内容。另外，也可以将少量的谷物颗粒、面包虫等不易变质的食物撒落其中，延长褐马鸡取食时间，减少刻板行为。

（4）食物丰容 主要是指调整食物的种类、多样性的喂食方式。如不定期改变饲料的品种，将食物涂抹、散放或隐藏，对食物进行不同程度的处理（如饲喂整个水果或加工切块的水果），使用取食器等可以给动物提供挑战，让它们通过一定的努力获得食物（如用钻头钻出孔且添加小型食物的管状物；里面放置食物的多层纸箱子或人造白蚁穴等）。

改变传统的喂食方式，让褐马鸡花费较多时间去觅食。切成一半或四分之一的苹果、梨等，大块的蔬菜叶如卷心菜、生菜，或带壳的花生可以在褐马鸡取食时锻炼它们的啄食撕扯能力，延长进食时间，还有助于喙的打磨，防止喙过度生长。经常提供盛开的植物的花、活体昆虫等，对褐马鸡的自然行为十分重要。将种子洒在干燥的沙子里或碎石区，还可以培养褐马鸡的觅食行为。可以使用取食器，如PVC管，让管内的昆虫缓慢、自由地爬出。

（5）环境丰容 褐马鸡室外笼舍宜种植绿植，包括一些具有治疗作用的"草药"。在展区中，严禁种植或存在有毒植物。在自然风格的展区中，会有更多种类的植物同时生长，特别是本土植被，应在植物专家的帮助下及时发现并去除有害植物。

选择展区植被的原则：选择在当地可以存活的特定植被种类，用于模拟野生动物的自然生态植被景观；在展区内，通过精确的树木修剪和植被组合，塑造展区的生态景观特征；采取有效措施，减少动物对植被造成的负面影响；通过多种植物，特别是本土植物的组合应用形成自然的生态演替；将死去的树木应用于展区中，与活生生的植被融为一体。根据笼舍面积、高度，可以选择种植乔木、灌木、草坪草、自然生长的野草。在室外笼舍可以种植本地和栖息地植物，如1～1.5m高的灌木、小叶黄杨、沙棘、金银木等。褐马鸡喜欢在植物根部做窝（彩图30）、休息（彩图31）、产卵等。

褐马鸡有强有力的喙和脚趾，天生喜欢刨地，在土壤中寻食植物的根以及昆虫。为满足它们的这种天性，笼舍内地面材质宜以自然土壤为主，如有落叶或碎木屑覆盖的区域（注意防霉）、草坪等，能为它们提供抓、刨和寻找昆虫等不同食物的机会。但为保证笼舍中草和植物的存活和生长，对于笼舍内人工种植的灌木草坪等植物的根部需加以保护，防止褐马鸡过度挖刨地面，损伤种植植物的地下根。褐马鸡对植物均有一定的破坏性，所以植物应定期维护修剪和更换。

（6）**社群性丰容** 主要是指调整动物的种群结构，模仿野外该动物的种群结构，以达到表现社群行为的目的。许多动物的梳理、玩耍、示爱等行为都是按照等级关系进行的。在一个种群当中，动物的取食、领土防御等很多行为都是按照一定的分工去完成的。

在圈养条件下，褐马鸡大多采用成对单笼饲养；有条件的地方可以尝试秋冬集群（彩图32）、春夏分群饲养，要注意避免集群个体之间的攻击性。日常饲养中褐马鸡尽量不单独饲养，只有一只褐马鸡时，建议和一只体型比褐马鸡小的雉鸡类雌鸡一起饲养。

（7）**感官丰容** 感官的能力和特化作用贯穿在动物日常的行为中。野生动物无论生活在地面、树上还是水里都有一套生存所依赖的技巧，如视觉、听力、味觉等。秋冬季节褐马鸡集群饲养，在笼舍设置位置比较高的平台设施，褐马鸡飞到高处时能够看到其他展区动物的活动情况，更换相邻笼舍饲养的动物，会引起褐马鸡的好奇。

（二）训练

动物训练是经过无强化刺激，使动物产生反应，达到改善管理、提高管理水平、提高动物福利的目的。不是只有高智商的哺乳类动物才比较容易接受正强化训练。鸟类动物的训练，相比较哺乳类动物可能会稍微困难一些，因为鸟类动物天性比较胆小，环境对动物的影响比较大，所以先和训练员之间建立信任关系是很重要的。

褐马鸡是天性友好、有好奇心的动物，对于正强化的训练有良好的反应。对于褐马鸡，最基础的训练是呼唤鸡的呼名与饲喂食物训练，通过一段时间的训练后，它们能够在听到呼名后立即过来食用训练人员手中的食物。在动物和饲养人员之间建立良好的关系，有利于减轻动物的压力和提高自然繁殖的成功率。尤其对于繁殖期承担主要任务的雌鸡，这种基础训练更为重要。在繁殖季节，雄性褐马鸡性情会变得攻击性较强，训练时需要注意防护或暂时停止训练。褐马鸡能够接受上秤称体重，进入运输箱等行为训练。同笼饲养的两只个体，在训练一只个体时，如果有互相干扰，可以将另一只个体暂时隔离，分别进行训练。基础训练最好每天10～20min，最佳训练时间在上午饲喂之前和下午黄昏之前。

褐马鸡体重称量训练案例见附录一。

第四章
孵化管理

第一节 | 卵的保存和运输

刘焕金（1991）报道野外褐马鸡窝卵数 4～17 枚，平均 8 枚。Alain（2020）报道圈养条件下窝卵数 6～12 枚，有时可能更多。在研究或人工繁殖过程中，常常需要对卵进行测量、保存和运输。

一、 褐马鸡卵的特征及测量

褐马鸡卵呈卵圆形，卵壳坚硬光滑（彩图 33），颜色不一，以淡赭色、青白色、青色为主，即使同窝卵也有差别（彩图 34）。平均卵重 58.8（54.8～63.4）g，平均纵径 59.9（54.9～63.7）mm，平均横径 43.8（42.7～46.8）mm（彩图 35）。

在褐马鸡产卵期间每天早上和黄昏时分收集卵，用于人工孵化。把产下的卵捡出，进行编号、标记。记录产卵日期，测量记录卵的重量、纵径、横径。褐马鸡卵测量统计表见二维码表 1。

二维码表 1

二、 卵的收集和保存

人工孵化常常批量进行，收集的卵保存到一定数量时，一起入机孵化。在卵入孵之前，保存是否得当是卵能否成功孵化的关键因素之一。

卵保存的最佳温度为13～16℃（最高不超过20℃），相对湿度为50%～60%。将卵大头朝上垂直放置在蛋托盘上（图4-1）或者平放在干燥的盆等容器内，盆内可放入1～2cm厚的沙子。将卵放在沙子上比较稳定，不易破损。应避免卵暴露在阳光下，原因是受精卵会在高于21℃的温度下开始慢慢发育，从而使胚胎在以后的孵化中变弱甚至死亡。暂时的降温不会对卵造成过度的危害，只要卵本身没有被冻结或破裂

图4-1 放蛋托上保存
（张丽霞 摄）

即可，但长时间冷冻对卵是有害的。卵保存不应超过7d，因为卵的孵化率会随着保存时间的延长而下降。(约翰，2019)

三、 种卵的选择

人工孵化时，均等大小的卵具有较好的孵化率，非常小和非常大的卵的孵化率都不会很高。一只鸡所产卵的卵壳质量差或卵形不整齐通常表明雌鸡存在问题，雌鸡产畸形卵的特性通常是能遗传的。所以除非这些鸡很有价值，否则畸形卵不应该进行孵化。

对于珍稀物种，所有的卵都很有价值，除非卵的形状过于畸形或卵的大小极其特别，否则，所有的卵都应进行孵化。畸形卵以及畸形卵与正常卵对比见图4-2至图4-4。孵化前必须对褐马鸡种卵进行筛选，优先选择大小匀称、色泽均匀光滑的卵（图4-3、图4-4）。

图4-2 畸形卵 |
（姚丽 摄）

图4-3 偏细长的畸形卵 |
（张丽霞 摄）

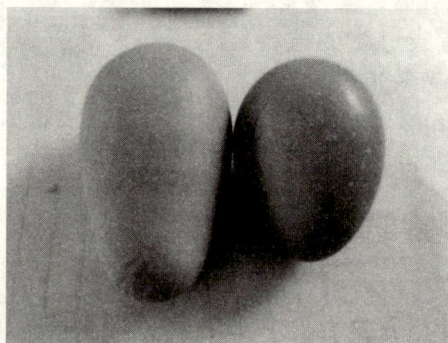

图4-4 畸形卵与正常卵对比（左为畸形卵；
右为正常卵） |（姚丽 摄）

四、 卵的运输

褐马鸡卵容易破损，所以运输时要格外小心，严禁磕碰。短距离运输可以使用小盆、小盒等容器，在容器内部铺垫柔软的物品，如沙子、麸皮、碎纸屑、布条、毛巾等，再将卵放入其中。

长距离运输，可以将卵用珍珠棉、气泡膜、泡沫网格袋等防撞材质严密包裹，也可购买鸡蛋用珍珠棉蛋托，外加硬纸箱，贴易碎品标签。

在运输褐马鸡卵时，最好由专人跟随。运输过程中，要保持一定的温度，一般用暖水袋、冰块调节，并尽快送达，防止在路上运输时间矿长，影响孵化。

第二节 | 卵的处理和消毒

一、 种卵的处理

人工饲养环境中，褐马鸡常常把卵产在地上，从而使得卵壳上沾污粪便、食物渣等。在处理卵之前，必须将手洗净，或者戴上手套，避免将病原传播到卵壳表面。卵在产出后应该尽快收集起来，以免被淋湿或弄脏。干净的卵不应该和脏的卵放在同一个容器里，脏的卵必须尽快地清理干净。可以用干布对卵上较大的污垢进行清除，用干净的湿布擦拭卵上较小的污垢。不能用力过大，造成卵壳表面受损，并应避免用同一块不干净的湿布去擦拭所有的卵，使所有的卵都受到污染。另外，使用脏的、被污染的容器也会传播病原。

二、 卵的卫生清洗

（一）消毒方法

卵壳上的污物可以用清洁剂和消毒剂进行清洗、擦拭和消毒，清洗时必须严格按照洗洁剂、消毒剂时间、温度和使用浓度的说明操作。清洗后的卵放在蛋托盘上自然干燥，然后进行孵化。

也可用高锰酸钾、甲醛熏蒸法对褐马鸡卵进行消毒（10～15min），然后进行人工孵化。（谭玉洁，1996；朱向博，2018）

（二）注意事项

与干燥的外壳相比，清洗时潮湿的外壳更容易使细菌从表面的气孔侵入，所以卵的清洗需要注意以下几点：

1. 不能用力过大防止造成卵壳破裂。

2. 用于清洗和消毒的水温应该与卵的温度相近或略高，这样卵中的内容物就不会发生收缩，避免更多的病原通过卵壳表面气孔被吸入卵壳内。如果水温度太高会杀死胚胎，但卵的中心温度需要一定时间才能上升到外部的温度，只要卵在清洗之后能被迅速冷却，就可以在短时间内使用温度稍高的水快速对卵进行清洗。

3. 卵不宜在水中长时间浸泡，应尽快清洗干净并从水中取出。

4. 收集的卵应尽快消毒。所有的已知病原微生物，只要仍停留在卵壳表面，就都能被杀灭，一旦它们由卵壳表面的气孔进入卵内部，就无法用这些方法杀灭了。

第三节 | 孵化管理

目前，我国对褐马鸡卵的孵化主要采用过三种孵化方式：亲鸡孵化、义亲孵化（抱窝鸡或抱窝鸡与孵化机结合的孵化）和人工孵化（尹祚华，1992；谭玉洁，1996；朱向博，2018；庞新博，2005）。褐马鸡卵孵化记录表见二维码表2。

二维码表2

一、 亲鸡孵化

亲鸡孵化，即自然孵化，是最好的孵化方式，对成鸡和雏鸡的发育都有好处，但对环境要求比较严格。笼养褐马鸡还保有一定的野性，警惕性比较高，亲鸡孵化期间，若孵化环境中有异常的声音刺激或者个体干扰，雌鸡会离巢、弃巢，离巢时间过长或者弃巢均会造成孵化失败（朱向博，2018）。

二、 义亲孵化

义亲孵化是用另一只雌鸡或另一种雌鸡孵化褐马鸡的卵。当产卵的雌性褐马鸡母性不强，或不会孵化，或孵化几天后离巢不孵，不能完成孵化过程时，可以使用处于抱窝期且抱窝性强的其他雌鸡（"义亲"，彩图36）代替亲鸡孵卵，然后养育雏鸡。

检验雌鸡是否具有良好抱窝性的方法：将一只手的手掌朝上，手指张开轻轻伸到正在抱窝的雌鸡胸腹部，这时它全身的羽毛会竖起，同时发出特殊的叫声，而一只抱窝性不强或不稳的雌鸡则不会有这样的反应。选择义亲，要选择眼睛明亮、无腹泻、无呼吸道疾病等生病迹象的个体。有体表寄生虫的抱窝鸡，在其抱窝之前就应进行治疗，因为被寄生虫困扰会使雌鸡感到不适，雌鸡不可能很好地孵卵，而且也会将这些寄生虫传染给雏鸡。腿部长疥螨的个体必须用合适的疥螨喷雾剂进行治疗。去鸡虱应选择合适的驱虫粉进行，在雌鸡全身羽毛竖立起来时，沿羽毛生长的反方向喷洒药粉，使药粉到达雌鸡的皮肤上，特别注意雌鸡翅膀下的部位（彩图37）。

可以在笼舍内进行自然孵化，也可以制作孵化箱孵化。若在孵化箱内孵化，则孵化箱内也应喷药做除虫处理。雌鸡孵化箱尺寸（长×宽×高）为50cm×46cm×46cm（图4-5），安放在室内阴凉通风处，孵化箱箱壁和顶部材料使用麻布，可使箱内部既通风良好又光线暗淡，为雌鸡孵化营造安静舒适的环境。孵化箱入口可以是提拉门或双开门，雌鸡进入孵化箱后即可关闭。图4-6为乌鸡孵化褐马鸡。

巢材为经晾晒的干燥沙土和稻草或干草，箱内巢材的铺垫自下而上是7~8cm厚的沙土，之上铺一些稻草。雌鸡在进入孵化箱后还会自行对巢进行整理。雌鸡开始抱窝的最初几天到完全进入稳定的孵化状态，最好先让它孵化鸡蛋或假蛋。待观察孵化稳定后，再把鸡蛋或假蛋换成褐马鸡卵，每只雌鸡能孵12枚褐马鸡卵。

义亲孵化时的日常管理：每天给雌鸡提供干净新鲜的饮水，孵化期间雌鸡的饲料主要是玉米粒等混合谷物，这样粪便会相对比较干而成型，同时提供一些沙粒，能帮助它们消化食物。每天

图 4-5　雌鸡孵化箱　｜（张敬　摄）

图 4-6　乌鸡孵化褐马鸡　｜（张敬　摄）

在固定时间将抱窝鸡从孵化箱中放出来进行吃食、饮水和排泄等活动（图 4-7）。活动时间一般为 10～30min。

　　室内还应有沙浴区，孵化期间雌鸡沙浴中添加少量的除虫药粉有助于去除羽毛中的鸡虱等寄生虫。孵化期间应搞好室内卫生，粪便要及时清理。

　　每周进行一次验卵，检验卵是否受精和胚胎的发育状况。一旦雏鸡开始破壳，就应该让雌鸡单独留在孵化箱中，不去打扰它，一直到雏鸡全部出壳（刘军，2001；忻富宁，2019）。

图4-7 抱窝鸡外放 ｜（张敬 摄）

雏鸡在雌鸡腹下完全出壳后，待全身绒毛干了以后，雌鸡会带雏鸡出巢活动。这时可以将巢箱外周围的一定区域围挡起来，打开箱门，让它们在这个小范围内活动。抱窝鸡的孵卵效果会比大多数孵化机好（忻富宁，2019）。

义亲孵化时，义亲抱窝性好的，也可以不用孵化箱，直接在地面铺垫沙子、垫草做窝进行孵化。

三、 人工孵化

鸟类胚胎发育是在体外完成的，胚胎发育条件主要依赖外界的温度、湿度、通风换气、翻卵、晾卵等条件。

动物园野生鸟卵的人工孵化工作已经开展多年，依据各种野生鸟类的生物学特征，在孵化工作实践中逐步摸索，总结出多种鸟类的人工孵化技术和参数。

1. 人工孵化的通用条件

（1）温度 是胚胎发育的首要条件。一般来说，温度偏高会加速胚胎发育，致使提前出雏。如超过42℃，则可使胚胎在几小时内死亡；反之，若温度偏低，则会使胚胎发育迟缓，雏鸡品质差。为使胚胎发育正常，就必须保证每种鸟在适宜温度下孵化。

　　孵化的不同阶段所需要的温度稍有差别，合理的温度变化对胚胎的发育有一定的刺激和促进作用。孵化初期温度稍高，此时胚胎很小，自身产热非常少，温度调节能力尚不健全，故此时温度不但要稍高，而且还得保持稳定。在孵化后期，胚胎不仅自身有了体温，而且自身产热孵化时温度设置要稍低。

　　实际操作中，通常孵化温度设置为 37.0～38.5℃。根据卵入机的先后，使用变温、恒温两种方式孵化。整批入孵的同种鸟卵，可根据前、中、后期所需的不同温度采用变温孵化法。若同机多批入孵，则采用恒温孵化法，除出雏期外，整个孵化阶段皆采用同一温度，温度与变温孵化法的中期温度或平均温度一样。实际上温度变化幅度并不固定，可根据胚胎的发育进程、各发育阶段的特点来调节温度。

　　（2）**湿度**　也是孵化过程中的重要条件之一。在孵化过程中温度相对较高，卵内水分容易丧失。保持一定的湿度，才能防止卵内水分丧失，保障胚胎的正常发育。湿度过高或过低都不适宜，湿度太高会妨碍卵内水分的正常蒸发，湿度太低卵内水分蒸发过多，均会影响胚胎发育。

　　胚胎发育的不同阶段所需要的湿度也不同。原则是"两头高，中间平"。前期为 55%～60%；中期 50%～55%，以排出代谢产物；后期 55%～60%，以助散热和使蛋壳疏松。

　　（3）**通风**　胚胎发育过程中需要一定的空气。在孵化过程中胚胎不但需要充足的氧气，同时还要排出大量二氧化碳。二氧化碳过多，胚胎生长停止，甚至会导致胚胎死亡，或引起胚胎的病理变化、畸形和胎位不正。适量通风是保持胚胎正常发育的重要条件，能保护胚胎吸收足够的氧气并排出二氧化碳，促进气体交换，辅助卵均匀散热。应保证孵化机内的空气与自然空气一样，有利于孵化。

　　通风量要根据孵化机内放入卵的数量、时间，季节，气温来考虑。孵化后期，临近啄壳时，在保持出雏需要的温度、湿度条件下，尽量增加通风量能有效地提高孵化率和健雏率。

（4）**翻蛋（转卵）** 在孵化中，亲鸡会转卵，可以促进胚胎活动，防止胚胎与壳膜粘连，并使胚胎受热均匀。人工机器孵化每隔2h翻蛋一次，翻蛋角度90°（前后各45°）。出雏期停止翻蛋。

（5）**晾蛋** 亲鸡在孵化时，离巢采食或将卵外露一定时间，卵温会下降。在孵化后期，晾卵现象更为明显。晾卵可帮助胚胎散发热量，促进气体交换，是不可缺少的操作程序，特别是孵化中后期。根据环境温度和入孵量，晾卵时间一般为5～30min，环境气温低，晾卵时间短，以避免卵受凉，影响出雏率。

2. 孵化设备

（1）**孵化机** 人工孵化主要是由孵化机完成，孵化机要求保温性能好，能维持合理、稳定的温度和湿度，定期翻卵。

据调查，目前各单位使用的孵化机没有固定品牌。1992—1994年，谭玉洁在北京濒危动物驯养繁殖中心孵化褐马鸡卵使用的是美国生产的 PE-TERSIME MODLE 4 孵化机和国产的9DC 型孵化机；北京动物园使用的是无锡万利畜牧机械有限公司生产的 9WF-1500 型孵化机和日本生产的 P-008 型孵化机；郑州动物园进行褐马鸡孵化技术研究时使用的是郑州市孵化机厂制造的 ZD-LY 型立柜式水电孵化机。太原动物园使用的是南京万盛孵化设备有限公司的孵化机（图4-8、图4-9）。

各品牌孵化机的使用效果一般都可以，小型专业孵化机及德

图4-8 孵化机 ┃（姚丽 摄）

图4-9 孵化机内部 ｜（姚丽 摄）

国 Grumbach 8015 Compact MP GTFS 84 型全自动孵化机使用效果较好；英国 A. B. Newlife 75 Mk6 全自动孵化机可实现孵化过程温度、湿度和翻卵的自动设置和控制。

（2）**出雏机** 孵化机内卵的孵化时间有时是不同的，它们会先后出壳。为了保证顺利出壳，一般会将孵化到后期进入气室的卵转移到出雏机内，让其在那里出雏。出雏机即内部不翻蛋的孵化机（图4-10、图4-11）。为了满足鸡雏出壳时温度、湿度的需要，与孵化机相比，出雏机的温度设置稍低，湿度设置稍高。

图4-10 出雏机 ｜（姚丽 摄）

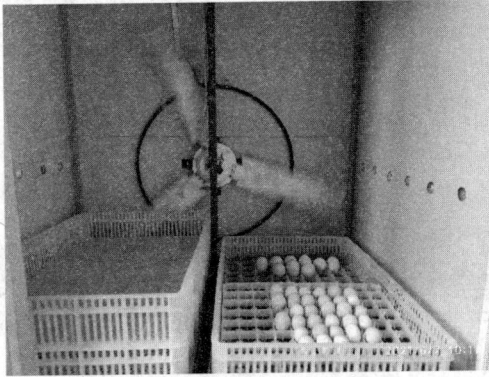

图4-11 出雏机内部 | （姚丽 摄）

3. 卫生消毒 孵化过程中，孵化室门口放置消毒垫，定时喷洒消毒剂，保持有效的消毒效果。

孵化室应每日清理卫生，保持干净整洁，老鼠、蟑螂、蚊蝇等都是病原的传播者，都不应该在孵化室中出现。孵化室应该只进行孵化，而不应兼有其他功能，尤其不能将死鸡和病鸡存放在孵化室内。孵化室内部地面要每天打扫、拖地，定期喷洒消毒液。出雏机在完成一批出雏后，应对蛋盘、出雏筐等进行清理和消毒。

孵化开始前1个月和孵化全部结束后，需要将孵化室和孵化机、出雏机内外部，以及孵化用具等进行清洗、擦拭、熏蒸消毒。熏蒸消毒方法：每立方米空间用20～30mL福尔马林溶液倒入盛有10～15g高锰酸钾的容器中（福尔马林与高锰酸钾比例为2∶1），熏蒸后密闭48～72h，然后通风换气放出甲醛气体（操作人员应做好防护）。将孵化机和出雏机内部可拆卸的部件拆卸下来，单独进行清洗消毒，擦拭。

4. 褐马鸡人工孵化

（1）尹祚华（1992）于1984—1990年进行人工孵化褐马鸡，孵化机温度设定为37.5～37.8℃，湿度为52%～58%，全部出壳的14枚孵化时间为26.17d（26.13～27.00d）。在研究中，每

1~2d 称卵重 1 次并记录，对 14 枚人工孵化的卵重量进行监控。发现褐马鸡卵在孵化早期和晚期水分散失较大，中期水分散失较小。1~7d 水分散失为 2g，平均每天水分散失为 0.29g；8~14d 水分散失为 1.9g，平均每天水分散失为 0.27g；15~21d 水分散失为 1.6g，平均每天水分散失为 0.23g；22~26d 水分散失为 1.4g，平均每天水分散失为 0.28g；从孵化到出雏平均水分散失为 6.9g，平均每天水分散失为 0.27g。全部孵化成功的 14 枚卵从初重经人工孵化到啄壳期间，卵的平均失重率为 12.6%。

（2）谭玉洁（1996）于 1992—1994 年进行 298 枚褐马鸡卵的人工孵化，孵化温度 37.5~38.2℃。孵化中期，前孵化器的通风孔半开，后阶段通风孔全部打开。孵化至第 25 天，雏鸡在卵内部将卵壳啄破以后，将卵转移至出雏机中，出雏时采用温度 36.5~37.5℃，孵化期平均 27.8d（26.0~28.8d），出雏率 73.45%。

（3）太原动物园人工孵化褐马鸡卵，孵化温度设定为 37.0~37.5℃，出雏时温度降至 37.0℃，孵化期间相对湿度设定为 55%~60%，出雏湿度 65%~70%。2h 翻蛋一次，翻蛋角度为 90°；孵化 20d 以后至出壳，每天晾蛋 2 次，每次 5~30min。孵化第 25~26 天，可以听到胚雏在壳内的鸣叫，将卵移至出雏机，准备雏鸡破壳出雏。

（4）欧洲的雉类养殖者及饲养机构孵化褐马鸡卵时，温度采用 37.6℃，平均相对湿度 45%，卵孵化期 26~27d（Alain H，2020）。

5. 验卵　在开始孵化前和孵化中，检验卵的质量、发育程度，以及是否是受精卵，是否是死胚、有壳裂等。常用照卵、平板观察、手感温度、摇动、嗅闻等方法。

照卵：在黑暗的环境中使用验卵灯照射卵，进行验卵。照卵可以观察到卵是否受精、胚胎发育是否正常、卵壳是否存在细小裂纹等。在卵入孵前进行一次照卵，观察是否有发育，卵壳上是否有细小裂纹、沙眼等，立即进行修补再入孵。在卵孵化期第

10、18、25 天照卵 3 次。孵化第 10 天的卵，通过验卵灯照卵确定是否受精（彩图 38、彩图 39）。与家鸡蛋相比，褐马鸡卵壳有颜色，照卵难度稍大，要求照卵的外环境光线越暗越好。孵化第18、25 天可以观察胚胎发育是否正常，是否出现了死胚，若发现死胚则及时淘汰。

平板观察：在孵化后期，将卵放在硬质平面上，观察卵是否有晃动，判定是否为死胚。将孵化至第 22 天后的褐马鸡卵放在平板玻璃上观察。若是活的胚胎，可观察到卵轻微晃动。根据晃动程度，可以判断胚胎发育状况：晃动明显者，胚胎发育良好；死亡胚胎和未受精卵不晃动。

感受卵的温度：将孵化至第 22 天后的卵拿在手中，如有微热的感觉，且卵面温度可保持相当时间，说明是受精卵，且胚胎发育良好；反之，如卵在手中仅有片刻微热后，温度迅速下降，则为死亡胚胎或未受精卵（谭玉洁，1996）。

手拿摇晃：有的卵用手轻轻摇晃能感觉到蛋内容物会来回晃动，甚至呈水样，这样的蛋要及时淘汰。但要特别注意，正常的蛋，晃得多了就不能孵化了，所以此方法很少用。

闻：正常孵化发育的蛋无异味，当蛋壳有细小裂纹或沙眼未被及时发现而进行孵化后，会出现蛋变臭的情况。发臭的蛋，要马上将其淘汰，若长期在孵化机内，污浊的空气会影响孵化机内其他蛋的发育；而且发臭的蛋还可能会发生"爆炸"。

第四节 | 出 雏

一、 鸟卵出雏机制

受精卵孵化到后期都需经历出雏阶段。鸟卵有相同的出雏机制。鸟类在胚胎时期都有破壳齿（卵齿），家鸡的破壳齿见彩图 40。卵齿位于上喙表面尖端，是一个硬质小突起，破壳时卵齿能将卵壳敲碎。卵齿会在雏鸡出壳后几天内消失。雏鸡头部和颈部后侧还有非常发达的肌肉——破壳肌，这些肌肉也会在雏鸡出壳后退化。随着破壳肌的收缩动作，沿着颈部延伸到顶端的头部，迫使喙上端的卵齿在卵壳内与卵壳内壁碰撞并打破卵壳。

孵化后期，当雏鸡的喙进入气室，进行呼吸，会使卵气室中的二氧化碳含量升高（含量会升高到10％或更高），氧会减少，刺激雏鸡颈部出现更强烈的抽搐，直到一次强的抽搐所引起的头部运动导致雏鸡第一次将卵壳啄破。将卵壳啄破以后，雏鸡能呼吸到外界的新鲜空气，通常雏鸡会在这时停留一段时间休息一下。雏鸡啄破第一块卵壳的时间，通常也是卵黄囊刚好被完全吸入体腔内的时间，但也不总是如此，有时尿囊循环仍然遗留在外。从雏鸡啄破第一块卵壳到雏鸡从卵壳中出来的时间不尽相同，这个时间可以短到0.5h，或者长到3d，随着物种的不同和孵化期的长短而不同。

出壳之前，雏鸡在壳中正常的位置是，尾部位于卵的锐端，颈部向右侧弯成圆弧形，头在右翅之下，喙指向气室。双腿和双脚的位置像被捆绑住一样，使其在壳中动弹不得。

雏鸡破壳时有两种活动方式。第一种是头部剧烈地抽搐运动，使喙上的卵齿击碎一小块卵壳，随后喙会重复地张开和闭合，似乎是在将卵壳上的小洞扩大。第二种运动是颈部肌肉和背部肌肉的持续收缩，使盘绕的脖子趋于伸直，由于喙被牢牢地挤压在内壳上，所以伸值颈部的活动会使身体在卵壳中逆时针方向轻微旋转。双爪会顶住卵内壳来帮助这个运动调整身体的位置，当颈部和背部肌肉放松时，身体往往会保持在一个新的位置，同时头部重新在右翅下卷起。

喙的每一次猛击内壳都会在原来破口的左边产生一块新的碎片，逐渐将卵壳啄破一圈，直到整个卵壳顶部被掀开，最后一次猛击使雏鸡的头部先从卵壳中出来，接着的一蹿将自己从壳中撑出来，这时一个湿漉漉、精疲力尽的小生命就诞生了（约翰·科德，2016）。

二、 亲鸡/义亲孵化出雏

自然环境中，褐马鸡雏鸡在 6 月上旬陆续出壳。从雌鸡开始孵卵至雏鸡出壳大约需经过 644h。雏鸡在壳内沿钝端近 1/4 ～ 1/3 处开始啄口，并发出微弱的 " jia-jia-jia" 的声音。雏鸡的出壳大约需 20h 或更长，而啄壳时间占绝大部分。从雏鸡啄壳完毕开始顶壳到完全挣出卵壳仅需 30min 左右。有时雌鸡也会啄壳帮助雏鸡出壳，但雏鸡往往会被啄死。

对抱窝鸡孵化时的观察发现，卵孵化至第 25～26 天开始听到雏鸡的鸣叫声，鸣叫声由弱到强，直至出壳；雏鸡破壳时先看到卵的钝端出现裂纹，呈梅花形或不规则形状，而后经过大约 20h 左右的"休息"，再沿逆时针方向叨开，然后猛一使劲，头部先出，接着是翅、体部，最后爪、腿、尾部出壳。

三、 人工孵化出雏

褐马鸡卵人工孵化至第 25～26 天，可以听到雏鸡在壳内鸣叫。此时，需将卵移至出雏机（图 4-10、图 4-11），准备破壳出雏。出雏时，雏鸡首先在距钝端 1/3 处啄破一个小口（彩图41），然后边鸣叫边休息，接着停止啄壳，待 12h 后，会继续啄壳直至出壳。从啄开一个小裂缝到完全破壳而出一般需要 9～24h。两块卵壳分开后，雏鸡就出壳了，褐马鸡孵化出壳后的破碎卵壳见彩图 42。

出壳前，雏鸡从开始鸣叫至出壳的时间平均为 35h，如果雏鸡鸣叫声超过 35h，而雏鸡并没有啄破壳，且雏鸡鸣叫声越来越弱，则说明雏鸡发生了出雏困难（朱向博，2018）。

当卵内雏鸡鸣叫声由弱到强延续一段时间后，又由强变弱，这时需密切观察，根据情况进行不同程度地人工剥壳。通常情况下，在卵钝端 1/3 处敲去一小块，然后再根据具体情况剥壳。剥壳的时候手要轻、动作要慢，剥壳到最后时要观察卵黄的吸收程度，当卵黄没有完全吸收时，不要把雏鸡和卵壳分离开，要让雏鸡把卵黄吸收完全，这样雏鸡的抵抗力强，成活率高。不到万不得已的情况下，不要轻易人工剥壳（忻富宁，2019）。

刚孵化出壳后的雏鸡浑身湿漉、不能站立（彩图43）。在出雏机内停留2～3h，羽毛自然晾干后即可行走，但不稳健，最好让刚出壳的雏鸡在出雏机内待24h，再将雏鸡转入育雏箱内。

CHAPTER FIVE

第五章
育雏管理

第一节 | 场地要求

一、 卫生消毒

人工育雏之前 20d，需对育雏室及育雏期间所使用的全部物品和设备进行彻底的清洗消毒。对育雏室地面进行喷洒消毒。采用熏蒸法进行空间消毒。育雏设备如育雏箱、温湿度计、食盘、饮水器、栖杠等设备，都要用消毒液擦拭、浸泡，清水洗净，阳光下晒干，备用。育雏期间雏鸡食水具每天清洗消毒，育雏室地面每 2 周消毒一次（陈桂萍，2006）。

二、 温度、湿度

1 日龄雏鸡正常生长的适宜温度为（33±2）℃，适宜湿度为55％～65％。随着日龄增长，所需温度每周下降 2℃，直至室温。可以采用保温育雏箱、加热灯、加热毯、电暖器等方式来保证雏鸡所需的温度。

三、 饲养密度

褐马鸡雏鸡比较好斗，同群饲养的个体会攻击年龄稍小或体型弱小的个体。在同群饲养多只褐马鸡雏鸡时，最好将日龄或体型相近的雏鸡一起分群饲养，防止相互打斗。褐马鸡雏鸡生长发育到 7 周龄出现好争斗，相互啄羽毛，尤其喜啄尾羽。为防止雏鸡互相啄羽，雏鸡饲养密度不宜过大（忻富宁，2019）。育雏期多在盛夏，气温高，湿度大，为防止疾病发生，育雏室内还应注意通风和降温。

第二节 | 饲料转换

一、 人工诱食和饮水

　　褐马鸡属早成鸟，雏鸡出壳后活动力快速增强。新生的雏鸡一般不需人工诱食。特殊情况下，若有单独出壳饲养的雏鸡，最初喂食时雏鸡若不自主取食，可人工诱食。具体操作如下：用镊子夹住面包虫或将湿的毛笔蘸小颗粒料将食物在雏鸡眼前晃动，同时模仿雌鸡叫声呼唤雏鸡引诱其啄食。待雏鸡能够啄食后，喂食时用镊子或毛笔在盛放食物的食盘中轻敲，发出同样的声音呼唤雏鸡前来食盘中自主取食。采用类似的方法引诱雏鸡饮水。将毛笔头蘸水在雏鸡眼前晃动，或在水盘中轻点，发出声音呼唤雏鸡来啄食水滴或在盛有水的盘里饮水，水盘中放入一些小鹅卵石子，防止雏鸡走入水盘中弄湿绒毛。另一种方法是将刚出生的雏鸡和早出壳 1～2d 已能自主取食的雏鸡放在同一个育雏箱里饲养，这样刚出生的雏鸡就能很快地跟随它们学会自主取食和饮水。

二、 喂水和喂食

　　褐马鸡雏鸡出壳 24h 后喂水，喂食。雏鸡从出壳到 1 月龄内，食物以 0～6 周龄商品雏鸡颗粒饲料为主，同时喂一些面包虫。1 月龄以后可逐渐增加以下食物种类：牛肉末、雉鸡颗粒饲料（北京动物园雉鸡颗粒饲料组成见表 5 - 1），搅拌在一起；切碎的蔬菜，如西红柿、油菜、胡萝卜、苹果等，大麦芽或草籽芽等。食物要切得较为细碎，以便于雏鸡食入。每天为雏鸡提供清洁的饮水。食物中添加维生素和矿物质、鱼肝油、贝壳粉、沙砾，以满足生长发育期雏鸡的生长需要，直到 16 周龄。

雏鸡 0～4 周龄每日饲喂 6 次，5～8 周龄每日饲喂 4～5 次。随着日龄的增加，饲喂次数逐渐减少，饲喂量逐渐增加，16 周龄后每日饲喂 2 次。

第三节 | 发育管理

一、 亲鸡养育和义亲养育

褐马鸡属于早成鸟，雏出壳羽毛干后即能站立和行走，眼睁开，体表满被绒羽，体温调节机制较健全，能保持一定的体温，在亲鸡带领下可自行取食。亲鸡养育雏鸡期间，雌、雄鸡通常会混群。最初，雌鸡会呼唤着并带领雏鸡教它们取食，雌鸡会用喙衔着小块食物在雏鸡前面等待雏鸡啄食，雏鸡会很快跟随雌鸡学会自主取食和饮水（庞新博，2005）。亲鸡养育时，主要是保障亲鸡的食物，并提供尽可能大的场地。

二、 人工育雏

人工育雏是由于亲鸡不会孵化或为增加后代数量，由人工代为孵化育雏的过程。雏鸡出壳时卵黄含量尚保留约 1/3 未吸收，供雏鸡 1～2d 所需营养。出雏后移入育雏箱（70cm×50cm×50cm）中饲养。育雏箱内定温 31～35℃。若温度过高，雏鸡会张口喘，精神委顿，严重时有抽风现象；若温度过低，雏鸡会颤抖，互相拥挤、扎堆，低声频叫，不能很好休息。长时间温度不合适，可造成雏鸡死亡。雏鸡取食后，每周降温 2℃，逐步降至室温。

雏鸡 1 周龄后，将其移到较大的育雏箱（长 105cm×宽 60cm×高 100cm）中饲养，4 周龄后将雏鸡从大育雏箱移到室内网上育雏笼（长 200cm×宽 100cm×高 100cm）饲养。室内大育雏箱网上育雏用保温灯提供温度，通过调节保温灯的高度来控制灯下方空间的温度，当雏鸡感到冷时会聚集到保温灯下，感到热时会离开保温灯。6～8 周龄将雏鸡移到地面笼舍饲养，一般同窝或同批褐马鸡饲养在一个笼舍内。室内地面活动区域内设置铺沙子的沙浴区和铺干草的休息区，休息区上方仍使用保温灯提供一定温度，室内与室外运动场连接，白天温暖时雏鸡可到运动场活动。雏鸡 10～12 周龄及以后在室内常温饲养。16 周龄以后饲养管理与成鸡相同（谭玉洁，1996）。

褐马鸡雏鸡 2 周左右就能够飞上较矮的栖杠，在育雏箱、育雏网和育雏室内应搭建不同高度的栖杠，为雏鸡提供不同的休息站立场所。

三、 雏鸡的生长发育

褐马鸡从出雏到 3 月龄为雏鸡阶段，3～8 月龄为亚成体阶段。对于褐马鸡雏鸡生长发育的研究，许多学者进行了大量工作，取得了一定成果。

庞新博等（2005）在褐马鸡育雏期对雏鸡的生长发育进行了研究测定，结果如下：

1. 体重　刚出壳的雏鸡体重平均为 32.7g（29.2～36.6g）。2～3 日龄时，体重稍减，此后体重呈不断增长趋势。至亚成体时减缓，平均日增重 16g，在 50～65 日龄增长最快，日增重为 34.5g，几乎呈直线上升趋势。

2. 体长　1 日龄体长 100mm 左右。至亚成体后有较大日增量，平均 6mm；70～90 日龄日增量最大，平均 11.5mm。

3. 尾长　至亚成体前增长较快，平均日增量 4.8mm；35～40 日龄增长最快，平均日增长量 10mm；以后增长缓慢，约在 60 日龄后增长又较快。

4. 跗跖　生长较快，一般在 65 日龄基本发育完全。

5. 喙长（嘴峰）　40 日龄前增长较快，日增量 0.7mm，40

日龄以后增长缓慢。

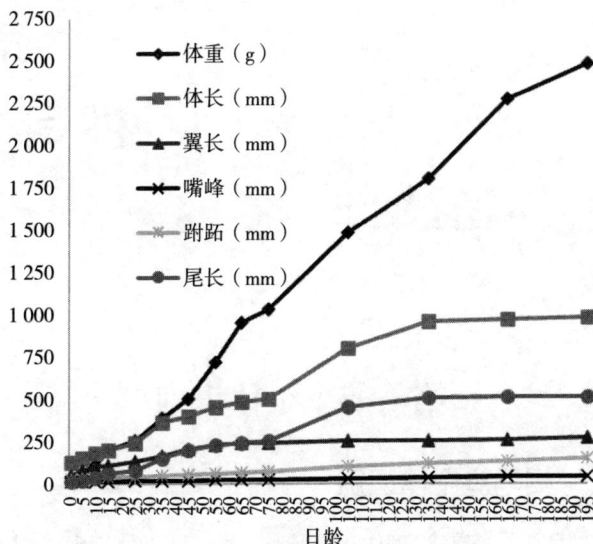

图 5-1 褐马鸡雏鸡生长情况

（改自庞新博等，2005）

6. 翼长 40 日龄以前生长较快，平均日增量为 7.0mm；28～38 日龄为高峰期，平均日增量 7.4mm；以后生长缓慢。

由图 5-1 可以看出，体重与各器官的发育成正比，雏鸡的机体和各器官在具体的生长发育过程中表现出不同的特点。体重、体长及尾长有较大的日增量，但日增量的高峰期却不同。跗跖、喙及翼的日增量虽较前三者小，但发育较快，在 40 日龄左右就基本发育完全，接近成体。这一结果表明，行走、取食及飞翔的器官较早、较快地发育完全，使得褐马鸡能够较快地适应外界环境。

不同日龄褐马鸡见彩图 44 至彩图 50。

第六章
种群管理

第一节 | 个体识别

一、 褐马鸡个体识别

个体识别是饲养管理中的基础工作，是做好动物档案和谱系记录的基础和关键。通常可以通过笼舍、性别、年龄、个体特征、标识等进行个体识别，每种识别方式各有优缺点。

1. 通过笼舍区分 适用于饲养在不同笼舍内的褐马鸡，较易行，只要是饲养在不同笼舍内的个体就能够很容易地区分。缺点：相邻笼舍饲养的褐马鸡如果串笼，很容易搞混。

2. 根据动物体型大小区分 即通过观察动物体型大小进行区分，适用于雏鸡、亚成体和成体间的区分。优点：若个体差异较大，一目了然。缺点：年龄、营养、疾病等都可能引起动物体型发生变化；相同年龄段的褐马鸡不容易区分，如图 6 - 1 中两只亚成体褐马鸡很难区分。

3. 通过性别区分 适用于区分成对单笼饲养的一公一母（彩图 51）。缺点：对于褐马鸡雏鸡，很难通过肉眼观察区分（图6 - 2）。

4. 根据动物身体特征区分 即通过动物个体与生俱来的身体特征或后天形成的标志进行区分。这种特征伴随动物时间较

图6-1 两只亚成体褐马鸡（左一、左二）｜（张丽霞 摄）

图6-2 多只幼年褐马鸡与义亲｜（张丽霞 摄）

长，有的可能会伴随动物一生，一旦认出就再也不会混淆，如褐马鸡左眼失明（彩图52）。适用于身体有特殊标记的个体。优点：辨识准确、方便，身体残缺一旦形成就不可逆转，终身不变。缺点：适用范围小，只适用于身体有标志的动物，需要有饲养经验和细致地观察。

5. 根据动物的行为区分 动物的性别、性格不同而表现出的行为习性也会有差异。比如，有的动物胆大不怕人，人接近时会主动向人靠近；有的动物胆小怕人，看见人会提前远离。优点：动物的这种行为习性短时间内是不会改变的。缺点：需要深入了解动物。

以上几种方法可区别的动物数量都很有限，褐马鸡数量多时，仅仅依靠经验和眼睛不能满足个体识别需要。

二、 标识

要做到褐马鸡群个体长期、有效的个体识别，必须借助于科学的个体标识方法，通常采用脚环标记。

1. 标识环　将带有一组特殊数字的环形物佩戴在动物体表某个部位，以便于观察和识别动物个体，适用于禽类动物的标识，不同的物种标示部位不同。制作标识环的材料有金属和塑料。环的大小，结合物种的体型大小确定，褐马鸡种群在褐马鸡谱系簿中有统一的编号，即谱系号。各单位在褐马鸡识别脚环标识中可自行编号，便于识别。

（1）**金属环**　最常用的材料是不锈钢、铝和莫涅耳合金（一种比铝使用寿命长的合金）。铝环和莫涅耳合金环可用于各种类型的鸟。

（2）**塑料环**　有 3 种基本类型，简单圆环、双片塑料圆环和自锁塑料带环。褐马鸡常用的为简单圆环。

金属环的安装工具可从生产厂家购买。安装环时，确保环可在腿上自由滑动，并且不卡在关节上。对刚佩戴标识环的鸟应经常检查，以确保装环部位不发生感染或肿胀。

目前常用的褐马鸡标识为脚环。脚环可以通过不同的颜色搭配、数字，以及身体左右部位安装来进行区别。常用的脚环为彩色塑料环（彩图 53）和铝环（彩图 54）两种。根据脚环内径大小可将脚环分为 A（内径 2.0mm）到 Q 号（内径 26.0mm）。成年褐马鸡佩戴的脚环为 L 号（内径为 14.0mm）（彩图 55）。

彩色塑料环是应用多种不同颜色的塑料，上面印上按自己要求设计的编号，可以用不同的颜色和编号区分大量个体。塑料脚环佩戴方便，上面编号数字或字母可以做得比较大，以便于在较远的距离（1～2m）肉眼就能够看清楚编号，辨认个体不需要捕捉。缺点：塑料脚环容易磨损，随着佩戴时间的延长，塑料环会被磨损、变脆、变硬、脱落（图 6-3），需要经常检查，及时补充。

铝环（图 6-4）小巧，方便佩戴，不易磨损，对褐马鸡的负担较小，铝环上可以根据需要进行编号。缺点：和塑料环一样容易脱落，需要捕捉后近距离才能看清环上的编号。

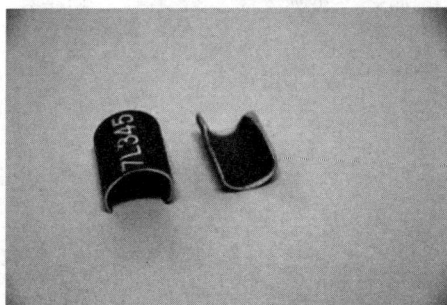

图 6 - 3 磨损脱落的脚环 ｜（张沛沛 摄）

图 6 - 4 褐马鸡佩戴铝环 ｜（张丽霞 摄）

也可以塑料环和铝环同时使用，一条腿佩戴塑料环，另一条腿佩戴铝环，防止一个标识环脱落造成动物个体混淆。也可雌雄分左右腿佩戴，以方便区分性别。

雄鸡应将脚环佩戴在距的上方（彩图 56）。如果给亚成体雄鸡佩戴的是塑料脚环，可能造成日后脚环卡在距和脚趾中间，造成脚趾肿胀、跛行等问题（彩图 57）。若出现这种情况，要尽早把脚环摘下更换位置。

2. 染料标识法 是用紫药水等具有鲜艳颜色且对动物无毒

害作用的化学试剂涂染动物体表，代表一定的编号，用于辨识不同动物个体。可以用于褐马鸡的短期鉴别。这类标记十分醒目，可用于观察性研究。此方法用于展出动物十分方便，因为研究结束时不用再捕捉动物就可以去掉颜料或染料。

3. 微电子芯片标记 是将一块外包玻璃的脉冲转发计算机芯片用注射器注入动物皮下。它很容易刺入，且不易被察觉。由于该芯片一直处于潜伏状态，只有用脉冲转发器的阅读装置或扫描装置才能激发，使用寿命很长。即使动物死亡腐烂，仍可准确鉴别，特别适合野外个体的标识。该方法的缺点：无法远距离识别动物，注射后可能发生游离，而且必须用专门的读取器，费用高。但随着信息技术的发展，这一缺点将被克服。

目前，全国动物园和保护区内褐马鸡尚没有使用电子芯片进行标记。

4. 其他方法 随着科技手段不断提高更新，很多新的技术有望被逐渐引入动物个体识别技术中，例如，指纹识别、面部识别、角膜识别、卫星拍照识别等，然而，这些新的技术目前在展出动物个体识别实际应用中还有很多技术问题需要突破，还需要大量的科研数据予以支持。

三、 性别鉴定

鸟类的性别鉴定对鸟类的种群生态、引种繁殖、性别比例、群体遗传分析等方面的研究均具有重要作用。褐马鸡属于单态型鸟，即雌雄同型，在性成熟以前，从形态学特征上区分性别很难。只有在性成熟后，雌雄在形态上才会有一定区别。寻找一种简便、科学、准确的性别鉴定方法，对褐马鸡种群的生殖生态和保护具有非常重要的意义，同时可为褐马鸡的人工繁殖管理、生态学研究以及保护遗传学的研究提供理论依据。

随着科学技术的不断发展进步，单态型鸟类的性别鉴定方法已经从原来的形态学、细胞生物学的方法，发展到利用分子生物技术进行性别鉴定（燕海峰等，2001）。

1. 形态学法 是最早、最直接的鸟类性别鉴定方法，主要有目测生殖器官法、羽色伴性遗传法、体尺测量法、鸣叫声判定法、外科手术判定法、类固醇检测法等。这些方法或操作过程烦琐，或准确率低，或对鸟类伤害较大，特别是对于珍稀鸟类（如褐马鸡）尤为不宜（王钢等，2003）。

2. 细胞生物学法 鸟类性染色体为雌性异配（ZW）、雄性同配（ZZ），染色体核型鉴定法主要利用 Z、W 两条染色体在形态上的差异，对性染色体进行观察，Z 染色体比 W 染色体大。因此，雌性的性染色体一大一小，而雄性两条均较大。鉴定过程大致如下：对鸟类羽毛或血液等样品用胶原酶处理后，在培养基中对细胞进行培养，然后经过离心、低渗、制片、染色等一系列处理，最后镜检。注意要选择染色体较为分散、形态较好的中期细胞。该方法准确率虽接近 100％，但在实际操作中存在许多问题，影响了这一方法的应用。

3. 分子生物学法 针对性染色体特异基因序列的聚合酶链式反应（PCR）方法，提供了对单态型鸟安全、快速、准确、高效的性别鉴定方法。截至目前，已经发现在鸟类的性染色体 W 上有一些基因（CHD 基因和 ATP5Al 基因）或假基因序列（EE0.6 序列）是非常保守的，可以依此进行性别鉴定。

染色体螺旋蛋白基因（chromobox-helicase-DNA bindin gene，CHD）非常保守，在非平胸鸟类中有两个同源拷贝 CHD-W 和 CHD-Z。两者外显子序列和大小相似，内含子大小却有很大差别。根据这个特性，利用内含子两侧保守序列设计特异性引物（P2/P3；P2/P8；2550 F/2718 R；2945 F/3224 R；P14/P9；1237U/1272H），直接通过特异性引物对 Z 和 W 两个染色体上不同大小的特异序列进行 PCR 扩增，检测结果雌性为 2 条带，雄性为 1 条带。截至目前，CHD 基因性别鉴定已经十分广泛地应用于非平胸鸟类，包括雁形目、鸡形目、雀形目、鸽形目、鸥形目、隼形目、鹦形目、鹳形目和鹤形目等。利用 CHD 基因的两对引物 P2/P8 和 2550F/2718R，对从褐马鸡血液和羽毛中提取的 DNA 进行扩增，能用简单的琼脂糖凝胶电泳分离，雌性个体扩增出 2 条主带，而雄性个体扩增出 1 条主带，达到了性别鉴定的目的。

2005 年和 2006 年，武玉珍分别在山西庞泉沟国家级自然保护区（选择 18 只未知性别褐马鸡）和太原动物园（选择 18 只已知性别褐马鸡）采集褐马鸡的血液样品及羽毛，通过提取羽毛和血液中的 DNA 进行性别鉴定。利用 CHD 基因的两对引物进行褐马鸡个体的性别鉴定，引物序列为：

P2（5′-TCTCCATCGCTAAATCCTTT-3′）

P8（5′-CTCCCAAGGATCAGRAAYTG-3′）

2550F（5′-CTTACTCATTCGTCTACCACA-3′）

2718R（5′-ATTCAAATCATCCACTCCTT-3′）

其中，褐马鸡 CHD-Z 基因序列长度为 594bp，褐马鸡 CHD-W 基因序列长度为 452bp。分别从血液和羽毛中提取 DNA，利用 PCR 技术，鉴定结果显示太原动物园 18 只已知性别褐马鸡的鉴定结果为 8 雄 10 雌，与已知结果完全一致；山西庞泉沟国家级自然保护区 18 只未知性别褐马鸡的鉴定结果为 6 雄 12 雌。

利用 CHD 基因设计引物还可以对其他野生鸟类进行性别鉴定，如田秀华等利用该基因对大鸨、丹顶鹤、蓑羽鹤、灰鹤、白鹤和灰冠鹤进行性别鉴定，结果显示雌性个体为 2 条带，雄性个体为 1 条带。

第二节｜档案管理和谱系管理

一、 档案管理

饲养单位应建立内容完整清晰的动物档案。动物档案包括个体档案、动物日志、医疗记录及与饲养个体相关的文件和影像资料等。除必要的证明文件外，建议使用电子文档并妥善保存和备份。一般管理原则包括：

1. 动物档案由专人负责管理，定期归档。

2. 及时更新数据。

3. 各单位设计的动物个体单位编号、标记号等号码，应是本单位唯一编号，号码的编制应保持统一性和持续性。

4. 相关机构的审批文件、合同等重要纸质文件应有电子备份。

5. 动物个体在不同单位间发生转移时，应随附备份的个体档案。

6. 应对档案进行编号、登记，并妥善存放，便于查阅使用，保证数据和信息安全。

动物档案是有关动物情况的所有记录，为管理提供基础数据。内容包括动物分类、保护级别、饲养数量、日常护理、饲料、医疗病例、统计查询系统等。动物档案真实记录了动物的成长历史，是动物饲养繁殖和种群建立的基础。建立动物档案数据库，共享数据库信息，可以最大限度地交叉使用各种数据信息，对于展出动物资源的保护具有十分重要的意义。

在褐马鸡饲养过程中，要记录好档案个体附录二。建立完善的档案有益于总结经验，提高饲养管理水平，避免近亲繁殖，编制谱系簿，促进国内和国际合作，为物种的进一步科学研究奠定基础。

记录形式包含文字、表格、图片、视频等。影像档案、声像档案的优势主要表现为真实、生动、形象，是其他类型档案无法取代的。特别是珍稀动物繁殖交配、育幼期间的影像资料具有非常高的科研价值。

1. 个体档案 应为每只褐马鸡建立个体档案，包括父母、来源、编号、自然孵化、人工孵化、性别等个体信息。

2. 动物日志 应对动物状况、突发事件、安全管理等情况如实记录，完成的记录应编号并存档。动物日志应包括但不限于下列内容。

（1）**基本信息**　动物名称、性别、数量、馆舍或队组、日期、天气、环境、饲料、记录人等。

（2）**动物状况（包括夜间）**　采食、排泄、饮水、休息、行为、丰容、训练、转移、繁殖等。

（3）**突发事件**　动物异常及采取的措施等。

（4）**安全管理**　饲养设施设备、水源、电源等运转情况及维护等。

3. 医疗记录

（1）病历首页，动物个体基本信息，要与动物日志内容一致。

（2）动物发病时，记录动物发病、转归、配合兽医用药治疗情况。

（3）动物死亡后，记录死亡时间、死亡原因、尸体处理方式、消毒等情况。

（4）动物免疫、驱虫、预防用药、卫生消毒等记录。

二、 动物谱系管理

动物谱系是一个物种圈养种群历史数据的真实记录，包括所覆盖地区的该物种所有个体及其后代，显示了种群的遗传多样性状况与动态发展状况，为种群的遗传学与动态分析提供了科学依据。谱系数据是开展动物种群管理的基础。动物谱系分为地区谱系和国际谱系两种。

建立动物谱系最基本的目的是监控和管理动物园的物种种群。动物谱系可为种群遗传学分析和动态分析提供详细的数据资料。应避免近亲繁殖，保持种群遗传多样性。使用动物谱系来进行日常管理是种群遗传管理的有效工具。

动物谱系档案包括该种动物详细的数据信息，例如动物谱系号、中文名、英文名、编号或呼名、性别、芯片号或脚环号、出壳或捕获的时间和地点、父母情况、来源方式（救护、自繁、交换或转移、

二维码表3

租借等）、育雏方式、死亡日期、死亡原因及饲养管理等信息。谱系号是唯一的（ID 号、挂牌号、刺纹号、埋标号等）。褐马鸡谱系登记表见二维码表 3。

在这些原始记录的基础上，还可以进行多种统计学分析和遗传学分析，包括年龄结构报告、数量统计报告、出生率、死亡率、近亲繁殖系数、平均亲缘关系等。

在中国动物园协会统一安排下，全国动物园系统圈养《褐马鸡谱系薄》从 2013 年开始收集数据并逐步建立，之后每年更新，并向中国动物园协会提交，提供给相关饲养单位。

《褐马鸡谱系薄》使用的单个物种种群分析记录保存系统（single population analysis & records keeping system, SPARKS）是 DOS 系统下的操作软件，在世界范围内有几百名谱系保存人在使用这款软件。该软件为动物谱系提供管理和种群分析支持。国际物种谱系登录系统一般采用 SPARKS 软件进行登录编辑。

谱系保存人将所负责物种的相关数据录入谱系中，并监控谱系种群情况。具体工作包括从各机构收集数据（现有和历史上有的个体）、将数据输入 SPARKS、进行数据估计和再调查、数据验证与调和、谱系出版和分发、更新谱系数据，以及提供配对建议等。

联合应用 PMx［software for demographic and genetic analysis and management of pedigreed populations（version 1.0)，用于进行种群的统计学和遗传学分析］软件与 SPARKS 软件，可通过对谱系数据进行分析，支持血统清楚的动物种群进行遗传学和统计学分析，指导种群管理。

三、 遗传管理

遗传管理是指为了最大限度地保存有利于物种种群长期生存的遗传特性而采取的措施，以谱系分析数据为依据，从而保持建群动物的遗传多样性，避免圈养动物种群灭绝。

目前多数濒危物种圈养繁育遗传管理目标是 100 年内具有 90％以上野生种群的遗传多样性。遗憾的是，因为动物太少或空间的限制，这样的目标在很多圈养种群中都达不到，而遗传的目标经常被放松，目标可能降低到 100 年内保持 80％或 50 年内保持 90％，而这种妥协的代价是近交的增多和生殖健康度的降低。

濒危物种的圈养繁育管理中通过增加有效居群大小、最大化地避免近交、保持基因独特性、均衡奠基者贡献和亲缘关系最小化等一系列措施来使近交和遗传多样性丧失最小化。研究发现，亲缘关系最小化是保持遗传多样性的最佳方法。亲缘关系最小化即在居群中选择血缘最少个体作为亲本，以减少奠基者贡献的不均等性。

第三节 ｜ 圈养种群现状

褐马鸡的圈养历史可追溯到 20 世纪 70 年代或更早，太原动物园在 1980 年之前就开始饲养褐马鸡，并于 1984 年人工繁殖成功。褐马鸡种群管理起始于 2013 年，中国动物园协会物种种群管理委员会将褐马鸡列入第一批 10 种一级管理（CCP）的物种，通过收集资料，建立了国内圈养褐马鸡的谱系，并每年更新。

一、 圈养单位

截至 2020 年 6 月 30 日，《褐马鸡谱系簿》共记录 21 家饲养单位，310 只（104 只雄性，101 只雌性，105 只未知性别，以上数据包含死亡个体）褐马鸡个体的谱系信息。通过查阅论文并结合谱系和问卷调查（圈养褐马鸡基本情况调查问卷见二维码表 4）数据发现，圈养过褐马鸡的单位共有 24 家。在建立了谱系之后，褐马鸡的饲养单位数量在 5～11 家之间增减变化（表 6－1）。

二维码表 4

表 6 - 1　2010—2020 年我国褐马鸡圈养单位（个）
及饲养数量（只）统计

项目	2010 年	2013 年	2017 年	2019 年	2020 年
饲养单位（个）					
北京动物园	14	5	1	2	2
北京绿野晴川野生动物有限公司	2	2	0	0	0
上海动物园	2	4	5	2	4
上海野生动物园	1	0	0	0	0
保定动物园	—	1	0	0	0
太原动物园	27	37	73	81	78
南京红山森林动物园	1	0	0	0	0
太原森林公园	—	—	1	1	1
天津动物园	5	0	0	0	0
石家庄市动物园	0	0	2	2	2
庞泉沟国家级自然保护区	—	—	18	12	17
河北小五台山国家级自然保护区管理中心	—	—	13	12	17
大同市大同公园管理处	—	—	1	1	0
山西灵空山国家级自然保护区管理局	—	—	3	2	0
秦皇岛野生动物救护中心	—	—	4	0	0
北京野生动物救护中心	—	—	2	0	0
饲养单位（个）合计	7	5	11	9	7
饲养数量（只）合计	52	49	123	115	121

注：表中 2010 年数据由北京动物园崔多英博士提供。—表示未调查。

二、　种群统计学现状

截至 2020 年 6 月底，国内 7 家单位(表 6 - 2)圈养褐马鸡 121
只（49 只雄性，45 只雌性，27 只未知性别）。其中，饲养 10 只以
上褐马鸡的单位有 3 家，太原动物园饲养数量最多、为 78 只（占

种群总数的 64.5%），山西庞泉沟国家级自然保护区饲养 17 只，河北小五台山国家级自然保护区管理中心饲养 17 只。这 3 家单位现存数量占种群总数的 92.6%，其余零星分散饲养于其他单位。

表 6-2 2020 年圈养褐马鸡单位分布（只）

（引自 张丽霞等，2021）

饲养单位	雄性	雌性	未知性别	总数
北京动物园管理处	2	0	0	2
上海动物园	2	1	1	4
太原动物园	34	32	12	78
太原森林公园	0	1	0	1
石家庄市动物园	1	1	0	2
山西庞泉沟国家级自然保护区	6	5	6	17
河北小五台山国家级自然保护区管理中心	4	6	7	17
合计	49	46	26	121

1996—2020 年褐马鸡圈养种群数量分析显示（图 6-5），通过谱系簿分析，种群数量总体呈上升趋势，但是不稳定。在 2004—2008 年，增长速度最快，平均每年增长 36.6%，主要来自圈养繁殖数量的增长。而在 2016—2017 年，种群数量的快速增长是由于增加了两家自然保护区的饲养数量，同时人工繁殖数量也增加了。种群在 2017 年达到 120 只之后趋于平稳。

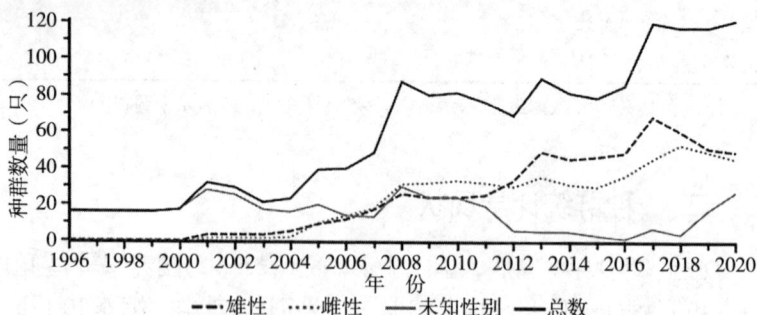

图 6-5 褐马鸡圈养种群数量分析

　　褐马鸡圈养种群早在 1984 年就有圈养出生的个体，但是谱系数据只追溯到 1996 年，1996 年之前的信息还需要继续完善。统计结果显示：1996 年之后，种群中大部分个体都是圈养繁殖个体，且种群的增长主要依靠圈养繁殖。1996—2010 年，种群中没有来自野外的个体，这个记录和实际情况应该是有出入的，有些救护个体可能并没有被记录下来或者没有将数据收集到谱系簿内。直到 2011 年，陆续有野外个体进入圈养种群中，基本都是野外救护个体。褐马鸡圈养种群出生类型统计见图 6-6。

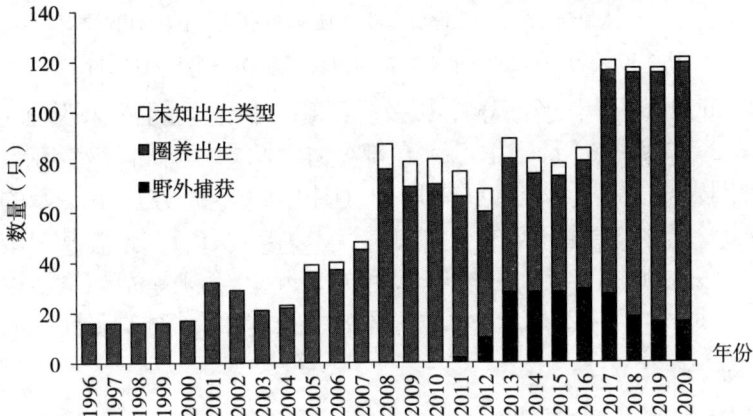

图 6-6　褐马鸡圈养种群出生类型统计

　　谱系簿中有繁殖记录的单位共有 5 个。2013—2020 年，成功繁殖的单位有 4 个，共繁殖了 135 只个体（图 6-7）。2019 年和 2020 年，仅太原动物园、山西庞泉沟国家级自然保护区、河北小五台山国家级自然保护区管理中心和上海动物园 4 家单位有繁殖记录。

　　2020 年褐马鸡圈养种群的年龄性别结构（图 6-8）显示，种群总体数量 121 只，其中雄性 49 只（图中左半部），雌性 46 只（图中右半部），未知性别 26 只。对个体数据分析的结果显示，雌性在 1～8 岁繁殖，雄性在 1～14 岁繁殖；种群中处于繁殖年龄的个体 101 只，占总数的 83.5%，其中有雄性 46 只，雌

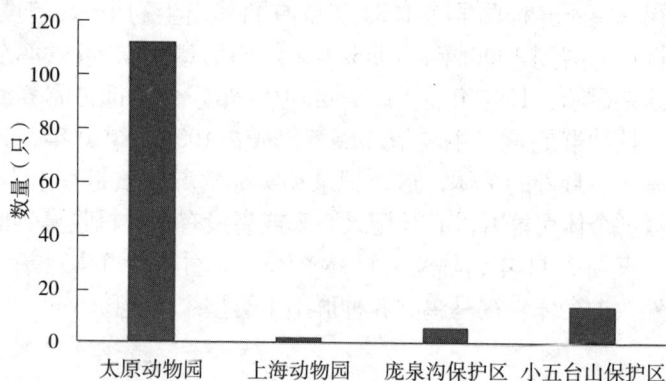

图 6-7　2013—2020 年 4 个饲养单位繁殖褐马鸡数量统计图

性 39 只（图中黑色部分），以及已到繁殖年龄但性别尚未明确的 1～2 岁个体 16 只（图中深灰色部分）；种群中处于非繁殖年龄、性别未知的未成年个体只有 10 只（图中中灰色部分），占总数的 8.3％；超出繁殖年龄的个体 10 只（图中浅灰色部分），其中雄性 3 只，雌性 7 只。由图 6-8 可知，近 10 年来繁殖数量不稳定，种群中 0～2 岁、5～6 岁个体数量少，育龄个体数量比较充

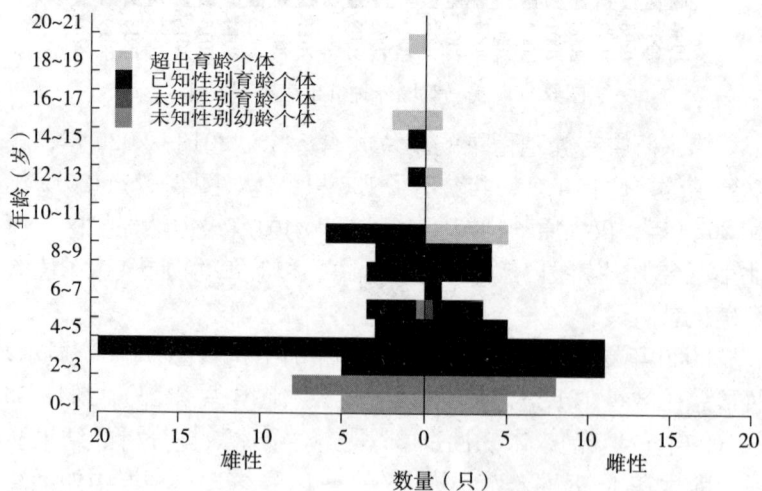

图 6-8　2020 年褐马鸡圈养种群的年龄性别结构

足，但幼龄个体数量略显不足，种群年龄结构呈现为不规则的金字塔形状，需要继续加强管理，才能使未来的种群成为增长型的种群。随着年龄增长，未知性别中的未成年个体可以在成年后分辨出性别，因此对种群的繁殖不会产生影响。

种群中雌性和雄性褐马鸡最早的繁殖年龄都是 1 岁，通常在 2 岁。圈养褐马鸡平均世代间隔为 4.2 年，雄性为 5.2 年，雌性为 3.2 年，即雄性比雌性长。种群中活到 6.5 岁的个体占 50％，活到 9.8 岁的个体占 25％，存活到 13.1 岁的个体占 10％。雄性褐马鸡活到 7 岁的个体约占 50％，25％的雄性活到 10.2 岁，只有 10％的雄性活到 15 岁。雌性的存活率要比雄性差一些，50％的雌性活到 6.4 岁，25％的雌性活到 9.6 岁，10％的雌性活到 10.8 岁。圈养下存活率随年龄增长而下降；褐马鸡在 15 岁之后，死亡率有明显上升。雌褐马鸡的最大寿命达到 15.2 岁，雄褐马鸡寿命达到 19.2 岁（表 6 - 3）。

表 6 - 3　存活个体的统计学结果（年）

项目	全部	雄性	雌性
50％存活到的年龄	6.5	6.7	6.3
25％存活到的年龄	9.8	10.2	9.5
10％存活到的年龄	13.1	15.4	10.8
现存活年龄最大	19.2	19.2	15.2
世代长度	4.2	5.2	3.2

注：世代长度指亲本世代生殖到子世代生殖的平均时间。

三、　种群遗传学现状

2020 年褐马鸡圈养种群遗传学统计结果（表 6 - 4）显示，褐马鸡圈养种群主要源自 11 只野外获得的褐马鸡建立者。种群中还有 12 只野外获得的褐马鸡尚未繁殖出成活的后代，这些个体是潜在建立者。日后应为这些潜在建立者提供繁殖机会，使它们参与到种群的繁殖中。当前种群的基因多样性是 84.78％。该水平的遗传多样性所代表的建立者基因等量值（FGE）为3.28，即该种群的遗传多样性水平与一个由3.28只互无血缘关系的个体建成的新种群一致。建立者的遗传贡献不均衡（图6-9），如果该种群的管理处于理想状态，且12只潜在建立者的基因也能够被全部保留在种群中，则该种群的遗传多样性水平可提升至97.59%。那么该种群的建立者基因等量值将达到20.75。目前种群中能确定祖先的个体仅占28%，表明大多数个体的祖先尚需做进一步明确；种群平均亲缘关系值为0.152，平均近交系数为0.1579，说明目前种群中存在一定程度的近亲繁殖。

表6-4　2020年圈养种群遗传概况

遗传参数	目前	潜在
当前建立者（只）	11	12
建立者基因等量值（FGE）	3.28	20.75
遗传多样性（%）	84.78	97.59
种群平均亲缘关系值	0.152	—
平均近交系数	0.1579	—
有效种群数量与实际种群数量的比值	0.3349	—
祖先确定（%）	28	

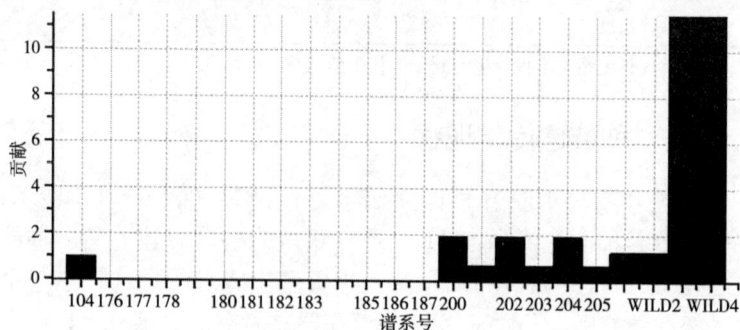

图6-9　23只建立者对圈养种群基因库的贡献

种群的平均亲缘关系值较高，且种群存在近亲繁殖的情况，但大部分近亲繁殖的个体都已经死亡。现有种群中仅有 2 只近亲繁殖的个体，且近交水平很高，达到 25%。

第七章
运输管理

　　运输是褐马鸡饲养过程中必需的操作，笼舍之间、单位之间的距离、远距离的运输经常发生，有时运输卵、雏鸡，有时运输成鸡，有单位之间动物交换运输，也有救护个体的运输。运输前需要捕捉、串笼、装车等操作，需要提前制作笼箱。长距离运输时，有汽车、火车、飞机等不同的运输方式。

第一节 | 动物准备

一、 卵的运输准备

参照第四章第二节卵的运输

二、 动物运输准备

　　动物运输准备包括雏鸡运输准备、成鸡运输准备。雏鸡或亚成体幼鸡体质相对较弱，尽量避免运输，确需运输，运输前，应提前与雌鸡分离。

　　群养成鸡运输前，应提前分圈单独饲养。

　　1 捕捉　通常由技术熟练的饲养人员操作，一般采用徒手捕捉，必要时可使用扣网等。

　　（1）徒手捕捉方法

　　在褐马鸡站立或者飞起落下的瞬间容易捕捉。捕捉时瞅准机会，下手要快、准、稳。

褐马鸡站立时可以迅速捉住双腿，只抓一条腿很容易造成褐马鸡腿或翅膀甚至身体受伤。

在褐马鸡飞起落下的瞬间可以用手按住其肩背部，要注意手按的力度，既要把褐马鸡按住，又不能用劲过大。

（2）捕捉注意事项

保障人员安全。①在保障工作人员安全的前提下操作。直接参与捕捉人员，要各司其职，胆大、果敢、细心。捕捉时，要保持安静，勿大喊大叫，统一指挥，动作迅速准确，以免造成人员受伤。②捕捉时要戴劳动手套，抓双腿时，尤其要注意避开雄性褐马鸡的距。③注意保护眼睛，防止被鸡伤害到。④抓住后避免将其肛门对着操作人员，此时褐马鸡容易由于紧张而排便。

保障动物安全。①捕捉过程中动物会出现跑动、冲撞、挣扎，容易引起外伤。所以要提前清理环境中的障碍物品，制订好防护措施，消除隐患，防止动物出现意外。同时，捕捉过程中，用力要适当，不能出现扭伤，并保障动物的呼吸畅通。②捕捉时不能猛追，追得太剧烈容易造成褐马鸡受惊乱飞乱撞。③不能抓褐马鸡的尾巴，否则容易导致其尾部羽毛脱落，且致使褐马鸡从手中溜走。

捕捉时，1～2 人配合操作。进入人员过多，会造成褐马鸡恐慌。2 人捕捉时，需做好配合。

捕捉相邻的多个笼舍内褐马鸡时，应先把所有笼舍内的褐马鸡关回各自的室内笼舍，再从最外边笼舍开始逐个笼舍捕捉。这样可以减少受惊吓时间和程度。如果捕捉前面笼舍的鸡被后面笼舍的鸡看到，容易造成后面的鸡受惊。

2. 串笼 有计划的运输，应提前进行行为训练串笼。经过行为训练的褐马鸡可以在训练人员引导下自动进入运输笼箱，这是对动物损伤最小的串笼方式，缺点是需要在决定运输前 3 个月开始训练，也可通过捕捉的方式进行串笼。

捕捉动物前应提前准备好运输笼并放入笼舍内。待捕捉到动物后双手握住褐马鸡的背部，将褐马鸡头向前送入笼箱，待尾部羽毛全部进入笼箱后再关闭笼门。严禁把动物拿出笼舍外装笼，防止在装笼过程中动物逃逸。

雏鸡串笼时，可直接打开中间串门，将雏鸡慢慢撵进去。

第二节 | 笼箱制作

一、 材料要求

1. 根据动物的种类、个体特点及运输方式，确定运输笼箱的材料。动物运输笼箱应尽量使用本地的材料，未经确认的材料不能用来制造笼箱。对于褐马鸡，木材是比较适宜的材料；另外，竹子、硬纸板、纤维板、塑料和金属，通常也可用于制作笼箱（彩图 58、彩图 59）。

2. 如需经大量的机械搬运等操作，则应提供一个坚固的外壳。

3. 为了保证足够的坚固度，在用木料或纤维板制作笼箱时，必须建造支架。

4. 木质笼箱使用的防腐剂或油漆，需确保无毒、无刺激性；也可考虑不使用防腐剂或油漆。

5. 不能用有放射性或对动物健康有危害的材料运输。

二、 制作要求

1. 笼箱大小要求 装运成年褐马鸡的笼箱，以能将褐马鸡站立放入为宜，不宜太大或太小。建议笼箱长 70～100cm、宽 30～50cm、高 40～80cm。通气孔设置一般在前、后、左、右四面。四面上部 1/3 开通气孔，孔径 1～2cm，1cm 通气孔数量不少于 100 个，2cm 通气孔数量不少于 50 个；也可以将左右面上部 1/3～1/2 木板或者上面换成网眼小于 1cm 的不锈钢网。

2. 制作工艺要求

（1）笼箱应坚固，汽车运输褐马鸡笼箱时，以 5cm×5cm 的方木作框架，底部加装 2 根龙骨，上、下、左、右和后五面用厚度 3～5mm 的三合板覆盖，要留通气设置。

（2）笼箱外侧应有扶手、抬竿、固定绳设置等，便于操作。

（3）笼箱内侧不能有凸出的钉子、铁丝网尖端或任何尖状、锯齿状的物体，笼箱内顶部加软网，以减少对动物的伤害。

（4）笼箱可使用前开门或上开门。

（5）笼箱使用木制顶或软顶，防止运输途中褐马鸡头部撞击笼箱顶部，造成动物损伤。

第三节 | 交换动物运输

一、 运输手续办理

进行动物交流合作时，输出单位和接收单位事先都必须做好周密细致的安排。运输时必须到相关部门办理转运手续。在运输时，所有文件必须准备齐全，包括：①国家发放的行政许可证；②动物交流合作协议；③动物健康证明（检疫证）；④输出单位和接收单位的详细资料；⑤动物个体资料、饲料种类和数量等有关饲养管理的信息。

前三份文件的副本由负责运输的人员携带。

二、 运输方式选择

1. 汽车运输 目前，多数的运输都是采用汽车。偶尔会单独运输褐马鸡，但多数情况是褐马鸡与其他动物一起混合运输。混合运输时，褐马鸡的笼箱要与其他动物的笼箱保持距离，特别是与肉食动物、灵长动物的笼箱之间最好有隔离措施，防止褐马鸡被伤害。

汽车运输时，应根据运输动物的数量决定押运人数。要求押运人员身体健康、责任心强、业务熟练。准备相应的钳子、扳手、螺丝刀、铁丝、钉子、木板、路途需要的饲料、饮水用具等。

2. 航空运输 运输距离较远时选择航空运输。航空运输前，应查看天气、航班、机型，以及动物在机场停留的时间、到达的时间等，做好充足的准备。

三、 运输应急预防和处置

动物运输是风险极高的事项，可能遇到的意外包括动物出笼、生病、死亡，路线、车辆出现问题等，应做好各项应急预防工作，以下为几种应急情况的处置。

1. 动物出笼 运输途中应预防动物出笼事件发生。一旦发生动物出笼事件，首先保障人员的安全。所以，汽车运输时，一定要用坚固的笼箱，并有兽医押运。如果发生动物出笼，首先要进行引诱或麻醉捉回。如果引诱无效，应立即联系当地林业部门、公安部门，采取必要的措施。

2. 动物生病 除非发生涉及动物生命的疾病，不建议路途中停止处理。

3. 动物死亡 如果路途中发生动物死亡，首先排除疫病，特别是人兽共患病，如疑似发生疫病，应就近联系动物防疫部门，进行及时的处置。如果是一般疾病致死，可以到达目的地后再进行处置。

4. 路线、车辆出现问题 一旦路线、车辆出现问题，导致运输不能依照计划进行，需要立即进行调整，以保障动物健康为主。

四、 运输动物应激预防

应激是动物运输中需要重点防范的事项，不同个体对应激反应的强度不同。运输时，要根据动物情况做好应激预防准备工作。

（一）选择合适的时间

1. 避开酷暑和严寒季节运输。

2. 春季褐马鸡处于发情期、产卵期，运输雌性褐马鸡要特别注意。

3. 如避不开炎热时期运输时，建议在夜间凉快时操作，包括装卸动物的时间，尽量选在早晚时候。

4. 冬季运输褐马鸡时，要注意保暖，同时考虑通风。

5. 防止淋雨，用封闭货车或用苫布覆盖笼箱运输，防止运输中风吹雨淋，并能够保温。

（二）制作合适的笼箱

1. 笼箱的检查：串笼前一定要进行一次笼箱的全面检查，确认笼箱大小合适。

2. 一般要求动物装入笼箱内，再装车运输，动物装笼后要立即启运。

3. 一个笼箱内宜装1～2只动物。

4. 笼箱应大小合适，既透气又防风。

（三）进行合适的装卸

1. 褐马鸡宜采用训练串笼的方式，以便减少应激。

2. 徒手或使用捕捉网等工具完成装卸工作。

3. 一般不使用化学保定方式串笼。

（四）控制合适的速度

1. 采用汽车运输时，应选择合适的车型，最好是选择有运输动物经验的司机。

2. 路途应控制好车速，要慢启动、缓刹车，路途车速不宜太快，一般控制在70～80km/h。

（五）运输途中护理

1. 注意休息：使用汽车运输时，要考虑途中休息。①司机不能疲劳驾驶。②查看动物，注意观察动物的精神、活动、是否有出血等情况，做好运输途中的观察记录。③查看笼箱捆绑是否牢固。一般要求连续行驶2～3h休息一次，炎热季节休息间隔适当缩短。

2. 饲喂：途中的饲料供给原则上是少给或不给，但要根据运输的距离和时间而定。3h以上的运输，饮水不可缺少，可用水果、蔬菜来代替；超过3h的运输，应准备好途中饲喂使用的用具、工具、饲料、常用药品等，3h内的运输，途中可以不用准备饲料。

3. 笼箱卫生：运输途中笼箱内的粪便原则上不清理，如果运输时间过长，笼箱内粪便太多，则需清理，但应注意安全。清理出的粪便等污物要装到垃圾袋内，到达后统一处理，不准沿途扔弃。

4. 运输途中宜用黑布、麻袋片等罩住通气设置（彩图60），利于使鸡保持安静。

（六）到达目的地

航空运输：上飞机前和到达目的地后，动物都会有几个小时滞留于货场。应提前联系机场货运，尽量缩短动物滞留时间，并且尽量将动物放到人员少、阳光直射不到的地方。

汽车运输：动物到达目的地后，卸车要轻，禁止大声喧哗。长时间黑暗环境运输时，到达目的地后也要把褐马鸡放入较暗的环境，给它们的眼睛一个适应的过程。将动物及时放到笼舍室内，使动物能较快地从疲劳中恢复。放出时不要轰赶，让动物自己走出为好。有条件的话，先把动物放到舍内，熟悉几天再放出更好。动物放出后，要有专人逐一观察健康状态，待动物安静后再给水喂食。可以提前使用保健型药品，增强抗应激能力。

第四节 | 救护动物运输

一、 动物基础处置

野外救护褐马鸡前要提前准备好合适的救护笼箱（可以参照"褐马鸡运输笼箱"部分内容）捕抓工具（围网、扣网等），救护药品。由于野外救护的特殊性，救护人员必须经过专业的学习和训练。首先需要进行动物的初步评估，包括观察动物的身体状况、呼吸和心跳情况等。如发现有外伤、骨折或出血等明显问题，兽医需要及时采取相应的处理措施，使动物尽快脱离危险。

二、 运输中护理

救护人员应采取有效保护措施，确保被救助对象不会受到意外的伤害，同时救护人员也应做好相应的安全防护措施。在运输过程中，必须定期检查动物的状态，评估其健康状况。控制运输环境的温度、湿度和通风等条件，以满足动物的需求。此外，面提供适当的食物和水，以确保动物在运输过程中得到充足的营养和水分，尽快将被救护褐马矷运送到有资质的相关饲养单位。

CHAPTER EIGHT

第八章
疾病防治

第一节 | 常见疾病防治

一、细菌性疾病

（一）鸡白痢

鸡白痢（pullorum disease）是由鸡白痢沙门氏菌引起的全年龄段鸡均可发生的一种细菌性传染病，对 30 日龄以下的雏鸡危害较大。雏鸡通常表现为急性全身性感染，病雏鸡以精神倦怠、排白痢为特征，成鸡以局部或慢性感染、隐性感染为主（武建勇，1998）。

【流行特点】传染源为病鸡和带菌鸡。雏鸡患病耐过或成年雌鸡感染后，多成为慢性和隐性感染者，长期带菌。带菌鸡卵巢和肠道含有大量病菌。

【临床症状】潜伏期一般为 4～5d。雏鸡：一般呈急性经过，7～10 日龄多发，病程短的 1d，一般为 4～7d。以腹泻、排稀薄白色糊状粪便为特征，肛门周围的绒毛被粪便污染，干涸后封住肛门，影响排便。有的发生失明、关节炎、跛行，病雏多因呼吸困难及心力衰竭致死。蛋内感染者，表现为死胚或弱胚，不能出壳或出壳后 1～2d 死亡，一般无特殊临床症状。4 周龄以上鸡一般较少死亡，以排白痢症状为主，呼吸道症状较少。亚成体

· 124 ·

鸡：以腹泻，排黄色、黄白色或绿色稀粪为特征，病程较长。成鸡：呈慢性或隐性经过，常无明显症状。

根据鸡白痢的流行病学特点以及临床症状和病理变化表现不难做出初步诊断，确诊则需要通过血清学方法和细菌分离鉴定。

【实验室诊断】

（1）**血清学诊断**　方法包括全血平板凝集试验，血清或卵黄试管凝集试验，全血、血清或卵黄琼脂扩散试验，酶联免疫吸附试验等。可以根据不同的要求和目的选择使用，但临床上常用的还是全血平板凝集试验。

（2）**细菌分离鉴定**　主要用于实验室确诊。可从病死鸡的肝、脾、未吸收的卵黄、病变明显的卵泡和睾丸等处分离细菌。若已用过大剂量抗生素治疗后再采病料进行细菌分离鉴定，则难以培养或培养结果不佳。

【剖检】肝脏肿大、出血，呈土黄色，胆囊肿大，胆汁渗出，心房淤血。

【预防措施】

（1）加强饲养管理：对禽舍、设备、用具及周围环境进行彻底消毒，北方地区冬季每2周1次，夏季每周1次；育雏室做好保温与通风换气。

（2）种蛋入孵前，做好孵化室、孵化机及所有用具的清扫、冲洗和消毒工作。入孵无病鸡群所产种蛋，常用碘伏溶液（有效含碘量0.45％～0.5％）10倍稀释后对种蛋擦拭消毒；或用季铵盐类消毒药，如0.1％新洁尔灭，对种蛋进行擦拭。对孵化机和育雏室在使用前进行过氧乙酸熏蒸消毒。

（3）合理使用药物预防：雏鸡出壳后在饮水或饲料中适当加入有效抗菌药物，由于沙门氏菌极易产生耐药性，须注意药物的选择与合理使用。

（4）合理的饲养密度是育雏防病的关键，做到鸡舍既保暖又通风，可有效降低雏鸡发病率。

【治疗】可通过药敏试验选用对自家菌株敏感的抗菌药物进

行治疗。磺胺类药物推荐磺胺嘧啶、磺胺甲基嘧啶和磺胺二甲基嘧啶。常用 0.3%～0.5%磺胺拌入饲料中，连喂 3～5d。土霉素、诺氟沙星、环丙沙星、恩诺沙星、庆大霉素和卡那霉素对褐马鸡的鸡白痢均有较好疗效。如：将 8 万单位庆大霉素加入 250mL 水中，雏鸡自由饮水；也可以在饲料中拌入 0.1%～0.2%土霉素，连用 3～5d；必要时可选丁胺卡那霉素肌内注射。若发现雏鸡肛门被粪便堵住，及时用纱布蘸温水进行清洗，避免雏鸡因不能排便致治疗无效死亡。

（二）大肠杆菌病

大肠杆菌病（colibacillosis）是由致病性大肠杆菌所致的人兽共患传染病。其病型复杂多样，或引起腹泻，或发生败血症，或为各器官的局部感染，或表现为中毒症状。多数温血动物均可感染大肠杆菌病，主要包括肠炎、脓肿、全身性大肠杆菌病和鸟类的多浆膜炎、气囊炎、关节炎等。本病对新生幼兽和鸟类危害更为严重（夏咸柱，2011）。

【流行特点】各年龄的鸡都可感染大肠杆菌，发病率和死亡率因各种因素影响而不同。不良的饲养管理、应激或并发其他病原感染都可成为大肠杆菌病的诱因。在雏鸡和青年鸡多呈急性败血症，而成年鸡多呈亚急性气囊炎和多发性浆膜炎。本病感染途径有经蛋传染、呼吸道传染、消化道传染。

【临床症状】

（1）**大肠杆菌败血症**　雏鸡多发，死亡率较高。病鸡精神不振，采食减少，衰弱和死亡。病鸡腹部膨满，排出黄绿色的稀便。特征性的病变是纤维素性心包炎，气囊混浊肥厚，有干酪样渗出物。肝包膜呈白色混浊，有纤维素性附着物，有时可见白色坏死斑。脾充血肿胀。

（2）**卵黄性腹膜炎及输卵管炎**　腹膜炎可由气囊炎发展而来，也可由慢性输卵管炎引起。发生输卵管炎时，输卵管变薄，管内充满恶臭干酪样物，阻塞输卵管，使排出的卵落到腹腔而引起腹膜炎。

（3）**出血性肠炎** 大肠杆菌正常只寄生在鸡的下部肠道中，但当饲养和管理失调、卫生条件不良、各种应激因素存在，使鸡的抵抗力降低时，大肠杆菌就会在上部肠道寄生，从而引起肠炎。病鸡羽毛粗乱，翅膀下垂，精神委顿，腹泻。由于腹泻糊肛，容易与鸡白痢混淆。剖检病变，主要表现在肠道的上 1/3～1/2，肠黏膜充血、增厚，严重者血管破裂出血，形成出血性肠炎。

（4）**其他器官病变** 大肠杆菌引起滑膜炎和关节炎，病鸡跛行或呈伏卧姿势，一个或多个腱鞘、关节发生肿大。发生大肠杆菌肉芽肿时，沿肠道和肝脏发生结节性肉芽肿，病变似结核。

（5）**慢性呼吸道综合征** 鸡先感染支原体，呼吸道黏膜被损伤，后继发大肠杆菌的感染。一些病毒感染后，继发大肠杆菌急性感染，引起肿头综合征，病鸡双眼和整个头部肿胀，皮下有黄色液体及纤维素渗出，发病部位可分离出大肠杆菌。

【诊断】根据流行特点、临床症状和病理变化可作出初步诊断，要确诊此病须进行细菌分离、致病性试验及血清鉴定。继发性大肠杆菌病的诊断，必须在原发病的基础上分离出大肠杆菌。

【预防措施】做好环境卫生及消毒工作，严格控制饲料、饮水的卫生和消毒，做好各种疫病的免疫接种。严格控制饲养密度，做好舍内通风换气，定期进行带鸡消毒工作。避免粪便沾污种卵。被粪便污染的卵，应该及时将其清理干净并经消毒后才能用作种卵进行孵化。

【治疗】大肠杆菌对磺胺类和呋喃类药物等多种抗菌药物敏感，最好进行药敏试验，选用敏感药物进行治疗。

（1）**肌内注射** 可选择丁胺卡那霉素、庆大霉素、恩诺沙星等抗生素。

（2）**混饲** 可选用土霉素，按 $0.1\%～0.2\%$ 加入饲料用药，连用 3～5d；也可选用氟哌酸（诺氟沙星），按每 100kg 饲料 5～20g 用药，饲喂 3～5d，但喹诺酮类药物易产生抗药性，应选用第三代或四代药物。

（3）饮水　250mL饮水中加入8万U庆大霉素，全天自由饮用，连用3d。

二、　病毒性疾病

鸡痘（fowl pox）是由于感染禽痘病毒而发生的一种急性、接触性、热性传染病。主要特征是病鸡少毛或无毛的皮肤上出现痘疹，或者在口腔、咽喉部黏膜上覆盖纤维坏死性假膜，临床上根据病毒感染部位不同可分为皮肤型、黏膜型及混合型。本病多流行于秋季，病鸡常表现增重缓慢、消瘦，并易继发感染其他疾病，如果营养不良或者卫生条件较差，则死亡较多（陈恩秋，2020）。

鸡痘主要是通过吸血昆虫，特别是蚊子叮咬，或被有病或带毒褐马鸡传染所致。临床上以体表无羽毛部位皮肤出现散在、结节状、增生性的病灶为特征（白绪祥和王立强，2008）。

【病例】1岁左右的青年褐马鸡，发病前未接种过禽痘疫苗，于2007年9月7日发病，外观精神萎靡。其皮肤出现痘疹，有的为细小灰白色小点，有的大如豌豆、为灰色或灰黄色的结节。痘疹表面凸凹不平。结节坚硬而干燥，结节密集部位相互连接融合，形成大的痂块。根据发病表现以及痘在皮肤、黏膜上形成典型的痘疹和特征性痂皮，初诊为鸡痘，后经西北农林科技大学微生物实验室采毒诊断，确诊为皮肤型禽痘病毒感染。

临床上，要注意将发病鸡进行隔离饲养，同时做好痘痂的处理。发病当日对褐马鸡皮肤上的痘痂用0.1%高锰酸钾溶液冲洗，再滴入5%蛋白银溶液。剥离的假膜、痘痂或干酪样物质应集中烧掉，严禁乱丢，以防散毒。可以用0.5mL/d的剂量给予病毒唑进行治疗；同时在饲料中加复合维生素。隔离治疗1周，褐马鸡康复。此外，再进行2月的隔离观察。

本病应以预防为主，净化饲养环境，进行免疫接种，并避免蚊虫叮咬。鸡痘疫苗交叉免疫效果不理想，在条件允许的情况下，自制鸡痘疫苗可达到较好的免疫效果。在接种疫苗时，先喂维生素，避免应激反应。

三、 寄生虫病

（一）组织滴虫病

组织滴虫病（histomoniasis）又称盲肠肝炎、传染性肝炎或黑头病，是由组织滴虫（*Histomoniasis meleageridis*）引起禽类的一种以肝脏坏死和盲肠坏死、溃疡为特征的原虫病。异刺线虫为主要的中间宿主，另外蚯蚓、土鳖及许多昆虫都能传播本病。褐马鸡对本病高度易感，幼体及亚成体最易感，1岁内雏鸡发病率高，成鸡也易感且多为带虫者。本病是夏季需要严格预防的疾病，发病呈散发性，有时在临床上虽经过精心预防但仍有散发，死亡率较高，说明褐马鸡对饲养环境有着较高的要求（张丽和朱向博，2019）。

【临床症状】本病潜伏期5～21d，病鸡出现较明显病症主要是在本病的中后期，而发病的急性期主要表现为排稀便，经实验室粪便检查才能确诊。亚急性和慢性期阶段表现较为明显且是渐进性的。临床表现为病鸡头部发绀，呈深紫黑色，精神沉郁，怕冷并持续消瘦，羽毛松乱，翅下垂，呆立，眼无神，常呈嗜睡状（张马龙，1998）。粪便稀黏，严重的粪便带有血液，排便和饮水次数增加。病的后期因为脱水，血液循环差，表现出头无毛区皮肤呈暗黑色，俗称黑头病。死后解剖发现，严重的病例导致肝脏坏死、盲肠坏死、黏膜脱落、溃疡病变等，因此又称为盲肠肝炎。

【剖检变化】体重明显减轻，胸部肌肉变薄。头部皮肤裸露部位颜色暗红，喙内黏膜颜色暗红，泄殖腔周围被稀黏粪便污染。皮下干燥，皮下组织暗红。脏器典型的病变是盲肠壁增厚，盲肠黏膜坏死、溃疡形成；有时黏膜坏死脱落，形成充满肠腔的干酪样渗出物或坏疽块。个别病例肝脏有大小不等、黄绿色、圆形散在的坏死病灶，而其他脏器如肾、脾及肺有时也有坏死病灶出现。

【实验室诊断】取病鸡的稀粪便或将病死褐马鸡盲肠内容物涂抹在玻片上，镜检，低倍或高倍镜下都可见来回游动或左右晃动的虫体。若需判断虫体性质，则可以进行固定，染色后在油镜下辨别。

【防治方法】本病感染主要发生在潮湿、闷热季节，也就是各种昆虫活跃的夏季。感染因素理论上为带有虫卵的鸡异刺线虫，但实际上更主要的是运动场内带有幼虫的各种昆虫被鸡采食而感染，因此，防治以运动场防潮湿、防昆虫为主；在阳光充足的运动场饲养，及时清理笼舍内的粪便，并加强群体粪便实验室检查，做好驱虫工作。在感染高发季节对全群进行针对性的预防性驱虫。原则上是早发现、早治疗，防重于治。预防和治疗可选择抗组织滴虫药物——甲硝唑，将药物研磨拌入饲料中，可每日2次、连喂7d。

（二）球虫病

球虫病（coccidiosis）属原虫类疾病，在北方多发于7—8月潮湿闷热的季节，南方地区发病季节提前，是野生鸟类和禽类体内常见的一种寄生虫。据调查，长沙动物园野生动物球虫感染率为17.1%，主要集中在孔雀、鸵鸟等禽类（肖映珍等，2001）。刘唐美对太原动物园持续8年的调查显示：禽类的球虫重复感染率较高；以太原动物园圈养褐马鸡为研究对象，感染寄生虫可致褐马鸡病鸡精神萎靡，羽毛松塌，头部蜷缩，食欲减退，排血样便，可视黏膜苍白，贫血，消瘦，生长发育受阻，繁殖能力和防御机能下降，严重时甚至造成褐马鸡的死亡（刘唐美，2006）。

【病例】引自太原动物园内一起球虫病病例，6只褐马鸡精神萎靡，羽毛松塌，头部蜷缩，嗉囊内充满胶状液体，食欲减退，鸡冠和可视黏膜苍白，贫血，消瘦，排红色或血样粪便，开始时粪便为土色，逐渐变为完全的血色粪便（霍占锁，2020）。

采集6只发病褐马鸡粪便样本进行寄生虫检查，饱和盐水漂浮法/自然沉淀法漂浮/沉淀虫卵，光学显微镜下观察，可见多量圆形或者椭圆形、浅黄色寄生虫卵，虫卵具有两层轮廓的卵囊壁，两层包囊间呈透明状，胞质内结构完整，初步认定为球虫卵囊，由此认为导致褐马鸡出现该临床症状的原因可能为球虫感染。此外，通过计算每克粪便内球虫卵个数值（OPG）可推断动物感染程度：$OPG > 10 \times 10^5$，为严重感染；$1 \times 10^5 \leqslant OPG \leqslant 10 \times 10^5$，为中度感染；$OPG < 1 \times 10^5$，为轻度感染。

动物园褐马鸡反复感染的原因分析：圈养环境下，动物极少能够做到全进全出，因此无法全面、彻底消毒，导致球虫病原长期滞留于圈养场地内，很难彻底消除。各种消毒卫生措施仅能减少寄生虫的量和减少传播机会，无法根除所有虫卵，所以褐马鸡在进食时有可能误食被寄生虫卵污染的饲料，进而再次感染寄生虫。另外，长期使用一种药物，球虫产生耐药性，驱虫效果不佳。加之圈养场地限制，动物活动区域有限，所以存在群体内相互感染的风险（张祝明和曾明华，2005；菅复春等，2007）。

本病采取对症治疗原则，迅速缓解有关症状，快速抑制球虫在体内的发育，提高机体的免疫力，避免并发症的发生。根据实际情况制订抗球虫药物的用药方案，采用两种驱虫药联合交替使用，避免或者延缓球虫对药物耐药性的产生，最大限度发挥两种驱虫药物的功效。在最初症状（粪中带血）出现时，可使用球虫净（尼卡巴嗪）治疗3d，直接杀死球虫及第一代、第二代裂殖体，从而消除球虫对机体的威胁，保护肠道完整。随后间隔1d，采用磺胺二甲氧嘧啶治疗3d，同时配合使用维生素K及维生素A，促进肠道出血的止血和凝血，提高机体的耐受性和免疫力（武建勇，2005）。另外，可以选用百球清饮水或者马杜拉霉素拌料防治球虫病。

经过约7d的治疗，褐马鸡症状明显好转，食欲恢复，排便正常，精神状态饱满，羽毛挺立光亮，褐马鸡感染球虫寄生虫情况明显改善。停药7d后，取褐马鸡粪便进行寄生虫检查，球虫数量明显下降甚至消失，治疗效果良好（表8-1）。

表 8-1　治疗前后褐马鸡粪便球虫感染情况

（引自霍占锁，2020）

动物编号	结果	
	治疗前	治疗后
1	＋＋＋	＋
2	＋＋	
3	＋＋＋＋	＋
4	＋＋	
5	＋＋＋＋	＋
6	＋＋＋	

注："＋"代表1个高倍镜（400倍镜）下1～5个寄生虫卵，"＋＋"代表5～10寄生虫卵，"＋＋＋"代表10～15个寄生虫卵，"＋＋＋＋"代表15～20个寄生虫卵。

【防控方法】

（1）加强饲养管理。选择优质饲料，合理地补充维生素和相关微量元素；保证笼舍和运动场干净、清洁，定期消毒，及时清扫粪便、更换垫料；注意笼舍的通风换气，保证空气流通，保持笼舍内适宜的温度、湿度（朱向博等，2018）；饲养人员进入馆舍时进行严格的消毒；采用20%石灰水或者84等消毒液定期对圈舍、食具、地面等进行喷洒消毒；对饲料可采取紫外线消毒，避免外来寄生虫的输入感染；此外，卵囊对消毒药具有较强的抵抗力，但于干燥的空气中在几天之内很快死亡；在55℃温度下经15min被杀死，在80℃时10s被杀死，100℃时5s被杀死。

（2）免疫预防。一般情况下，在3～5日龄时接种能够使机体产生充足的抗体（金美荣，1991）。免疫预防效果会比药物预防效果好，由于疫苗是灭活的，所以不会产生太强的副作用，不过由于目前还没有大规模地投入使用，且家鸡与褐马鸡有所不同，所以药物的预防还是应作为最主要的预防方式。

（3）药物的选择与使用。选用有效、广谱的抗球虫药物，发病时避免使用前期长期使用的预防性驱虫药，通过对比驱虫药耐药性产生的时间、效价、对寄生虫的敏感性、是否对多种寄生虫有效等，选择药物进行预防和治疗。

（4）驱虫药因作用的时间点不同，药效差异较大，如药物作用峰期在寄生虫感染后1～2d，则具有明显的预防和控制作用，可用于预防；如药物作用峰期是在寄生虫感染后5d，则应主要用于寄生虫感染的发病期，同时要根据鸡的生长周期，给予针对性的药物治疗（赵洪梅，2008）。临床上，需依据实际情况，给予雏鸡、亚成体鸡、成年鸡不同种类、不同剂量的驱虫药进行防治（霍占锁，2020）。

（三）线虫病

线虫病（nematodosis）是由线虫寄生于动物体内引起的疾病，主要寄生于小肠内，因其形态为线状而得名。目前，褐马鸡线虫病报道的病例相对较少，但在每年春、秋两季应注意普查，并使用高效、低毒、广谱的抗寄生虫药物进行预防，提高机体免疫力。尤其是在雏鸡阶段应进行预防性驱虫，保证雏鸡的正常发育。实验室检查需注意虫卵的分辨。

【病例】根据文献记载，褐马鸡是线虫的宿主。本病例引自山西省芦芽山自然保护区饲养的褐马鸡，1984年11月1日，该保护区饲养的7只褐马鸡全部死亡。对其中的1只幼龄褐马鸡进行剖检，在盲肠的表面观察到大量的结节，每个结节中均有线虫寄生，肠道内发现30余条虫体，经鉴定系异刺科等刺属的等长同刺线虫（*Ganguleteraks isolonche*），虫体每个唇上具两个乳突，但亦有变异，头部两侧具有两对乳突。盲肠病变部位肿胀充血，褐马鸡长期不能进食，致使褐马鸡体弱消瘦，引起死亡（邢庆云，1991）。

（四）绦虫病

绦虫病是绦虫寄生于动物体内引起的寄生虫病。虫体的机械性刺激、毒素作用和吸取大量营养，造成动物消瘦，甚至死亡。死亡动物生前很少产卵，死后肠黏膜肥厚，在肠腔内有大量黏液，恶臭（温江等，1986）。

蝇类等昆虫是有轮赖利绦虫的中间寄主。卫生条件较差、饲养管理不善等会导致蝇类等昆虫滋生。当褐马鸡啄食带有本虫的似囊尾蚴的中间宿主之后，经 2～3 周，似囊尾蚴便会发育成为成虫，产生危害，引发一系列症状。

【病例】本病例引自山西省临汾市动物园，为 1 只 6 岁雄性褐马鸡。病鸡出现食欲不振，精神沉郁，不喜走动，喜饮水，经常卧地，翅膀下垂，被羽粗乱，消化不良，有时腹泻，黏膜发黄。采集动物新鲜粪便，沉淀涂片，显微镜下观察，发现大量的虫卵——呈卵圆形，卵囊直径为 $52\mu m$，每个卵囊内含有一个直径 $34\mu m$ 的六钩蚴。经鉴定为有轮赖利绦虫虫卵。褐马鸡患有轮赖利绦虫病后，虫体孕节周期性排出，在大量排出节片后，便很少或没有节片排出。因此，临床上很难发现和确诊本病，只有进行粪检，发现虫卵或节片后才可确诊。

治疗本病的药物种类很多，如四氯化碳、硫双二氯酚、嗅氢酸槟榔素、氯硝柳胺血防-67、吡喹酮等。温江等（1986）认为用血防-67 治疗效果较好，每千克体重用 75mg，加水 2mL。临汾市动物园的褐马鸡体重按 3 千克计，用血防-67 共 900mg，加水 12mL，分 3 次口服，1 天喝完，效果很好。

本病可以预防，但要做好褐马鸡舍的消毒。新引进的褐马鸡经隔离饲养，并进行多次粪便检查，确认无绦虫病后再将其放入舍中。温暖季节在其舍中要注意消灭蝇类等昆虫，并及时清扫昆虫尸体。每天定时供给清洁的饮水和干净的饲料。在春秋两季进行预防性驱虫，在动物园用驱虫药治疗和预防时，需根据动物体重分别给予适当剂量的药物，并单独服药治疗（温江等，1986）。

（五）羽虱病

羽虱病（wing lousiness）是由羽虱寄生于动物体表所引起的一种外寄生虫病，其病原种类较多，大约有 10 种，不同种类有不同的主要寄生部位。禽羽虱为不完全变态，发育过程包括卵、若虫、成虫三个阶段，终身不离开禽体，若虫、成虫会啃食动物的羽毛，从卵到成虫发育期约为 40d，各种禽类机体均有羽虱寄生。曹天文等（1990）调查发现，在褐马鸡羽毛中寄生有 3 种羽虱，分别是鸡禽虱、鸡异长圆虱和鸡头长圆虱。这 3 种羽虱对成鸡危害不大，而对幼鸡的危害却十分严重。其中，主要危害种为鸡禽虱和鸡头长圆虱 2 种。褐马鸡被羽虱感染寄生的比例为 84.38%。

【临床症状】由于羽虱的寄生，患鸡瘙痒不安，经常啄羽，羽毛凌乱、残缺、脱落，身体出现无毛区，食欲下降，体况渐瘦，发育受阻。

【防治方法】及时清理褐马鸡笼舍，保持干净、干燥、通风。对带幼雏的保姆鸡要严格检疫，保证其健康、不携带病原。患有羽虱的个体用驱体外寄生虫的药物进行治疗。但驱虱药一定要保证对禽无毒且无蓄积毒性。采用复方非泼罗尼杀虫剂（福来恩）喷洒鸡躯体和环境，一次效果显著，隔 5d 后重复给药，可做到完全杀灭羽虱，不复发。使用福来恩杀虫剂治疗对 1～2 周龄的雏鸡没有生命威胁，少数鸡会出现短时的神经症状，但 1～2d 内全部恢复，对以后的发育无影响。若羽虱感染严重，治疗时应谨慎，减少每次的用药剂量，连续治疗 3～4 次，更加安全。此外，若褐马鸡出现发抖症状，可能是较敏感或是全身羽毛稀少、环境较冷，药物喷湿身体后冷刺激所致，移至暖箱内数小时后即可恢复正常。

（六）曲霉菌病

曲霉菌病（aspergillosis）是由曲霉菌属的烟曲霉菌（*Aspergillus fumigatus*）、黄曲霉菌（*A. flavus*）、构巢曲菌（*A. nidulans*）、黑曲霉菌（*A. niger*）所引起的一种以呼吸道机能紊乱为特征的霉菌性传染病。本病原主要侵害呼吸系统，有时全身各处形成病灶。通常是因健康禽接触污染的发霉饲料或垫料而感染。幼鸡易感染性高。

【临床症状】患病鸡多见于幼雏和亚成体，闷热、潮湿季节易感染（北京地区 6—8 月易感染）。感染初期病症不易被发现，多呈慢性经过。出现病症主要是在感染的中后期，其病症表现也是渐进性的。主要表现为食欲较差，饮欲增强，羽毛蓬乱，弓背，两翅下垂，眼睛无神、常闭，眼及脸部略肿，呼吸气喘变快，喙及鼻有时带有黏性分泌物。病鸡离群呆立，不愿活动，体质差，幼雏发育迟缓，体重轻。

【剖检变化】特征性病变在呼吸系统。肺部形成大小（1～3mm）均匀分布的黄白色粟粒结节，质地细腻，有一定的硬度，部分肺组织淤血。肺部气囊浆膜肥厚，表面附着黄白色结节或团块，团块呈轮盘样结构，有时肉眼能看见在团块上生长的灰黑色绒毛样的霉菌菌丝。另外，这种黄白色结节或团块还常出现在两侧的胸膜、气管或支气管周围。较严重的病例霉菌结节或团块会侵蚀到腹膜、肝脏及肠道浆膜上，造成腹腔内脏粘连。

【实验室诊断】取黄白色结节或团块并带有周围组织的样品进行镜检、培养和鉴定。

【防治方法】改善饲养环境，加强对饲料的检查，保持饲养场地无发霉现象。药物预防是重点，服药时间应在夏季 6—8 月，选择制霉菌素预防效果较好，剂量为每天每千克体重 20 万～40 万 U，每天 1～2 次，混入饲料中，需考虑浪费的剂量；或阶段性给药，如给药 1 个月后停服 2 周，或遇到特别情况，如患其他疾病、发生应激反应等可停药，以治疗当前疾患为主，之后继续服药，直至度过霉菌感染易发期。

四、其他疾病

（一）食羽症

褐马鸡是杂食性动物，主要以植物的嫩根、茎、叶、果实和种子为食，亦食昆虫幼虫和蠕虫等。当其由自然条件转为动物园或保护区人工饲养后，其天然的平衡日粮遭到破坏，体内营养代谢发生相应的改变，食羽症为其常见的临床表现（王兵团等，

1989）。

【病例】采集山西庞泉沟自然保护区健康褐马鸡10只、太原动物园饲养的褐马鸡14只。太原动物园的14只褐马鸡始捕于保护区，在太原动物园饲养2年以上，均患有不同程度的食羽症，笼内群养，地面为水泥铺以沙土，自由采食和饮水。用不锈钢剪刀取每只鸡的尾羽和翼羽各6枚，为1份样，分析Ca、Na、K、Zn、Cu、Mn、C和S 8种元素和17种氨基酸含量。结果显示：食羽症褐马鸡全羽中的Cu、Mn和绒羽中S的含量极显著低于健康褐马鸡，羽轴中C含量显著高于健康褐马鸡。羽毛Cu、Mn和S含量的降低与食羽症的发生有关。日粮补充Cu和S可有效地防治食羽症。此外，食羽症褐马鸡的全羽胱氨酸、蛋氨酸、赖氨酸和精氨酸含量显著低于健康褐马鸡。它们均为动物的必需氨基酸。可见，食羽症的发生与必需氨基酸摄入不平衡有关（王兵团等，1993）。

（二）维生素缺乏症

维生素缺乏症（vitamin deficiency）分为水溶性和脂溶性维生素缺乏症，幼禽易发，人工饲养下发病率较高，死亡率低，畸形率高，往往呈慢性过程，早发现、早治疗可完全康复。病鸡常因体质不断下降导致继发病发生。不同的维生素缺乏导致的症状也不同，并有其典型的症状。常见的维生素缺乏症有维生素B_1、维生素B_2和维生素D缺乏症，引起动物神经、消化、骨骼系统出现异常。

（三）外伤

褐马鸡性格胆怯机警，当突然受到人或动物的惊吓或有激烈的嘈杂噪音刺激时，褐马鸡会惊飞乱撞，直接导致个体头部被撞（彩图65）或造成死亡。

褐马鸡发情期间，经常发生相互间的争斗，造成受伤害个体不同程度的损伤甚至死亡。

【行为表现】被啄的鸡离群呆立，蜷缩在栖杠上或角落里，缩头颈，全身羽毛松乱，翅下垂，眼无神或经常半闭。行动迟缓，饮水正常或偏多，食欲差，进食量极少，过多捡食地上的异物。粪便最初为稀黏水样便，呈灰白色，之后因进食少，在胆汁作用下，粪便呈稀墨绿色。

【临床检查】捕捉检查，能发现身体局部或多处的羽毛残缺，皮肤损伤。受伤部位主要在头、背部。体温不高或稍高，呼吸正常，肺部听诊未见异常。触诊嗉囊往往空虚，有较多的气体，腹部软，泄殖腔周围常被稀便污染。

【防治与预后】预防本病主要靠饲养人员的细心观察，特别是鸡进入发情季节后，应尽量把被啄的鸡隔离单独饲养，或扩大它们的活动领域。平时在喂食时要多分几处或分散投放食物。治疗时，要对症处置，伤处不应有鲜艳的颜色，以免被其他鸡啄。对受伤个体应考虑补充营养，如相应添加维生素和能量饲料，且该措施一定要持续进行，直至个体恢复。如头部被严重啄伤（彩图 66），伤至骨膜甚至颅骨内，往往预后不良。

（四）胃溃疡

胃溃疡（gastric ulcer）又称腺胃糜烂病、胃腐蚀症、黑色呕吐病、黑胃病，多发生于雏鸡，其特征是胃黏膜损伤，病变由轻度的表层腐烂到广泛的溃疡形成和出血。

【流行病学】单纯的腺胃糜烂可以用药物控制，并发或继发感染及各种应激因素都会加重发病程度。有上呼吸道感染症状及神经症状的，可考虑鸡腺胃型传染性支气管炎病和新城疫或法氏囊病等的并发症。

【临床症状】发病初期，临床上不易发现病鸡，鸡群食欲、精神无明显异常，仅表现为生长缓慢，个别鸡打盹。发病后10～20d，食欲减少，体重无增长甚至下降，逐渐消瘦，发病个体体重仅为同批正常个体的 1/3～1/2，鸡群的体重差异很大，最后病鸡因严重衰竭而死亡，死亡率为 10%～30%，混合感染时死亡率更高。发病后期，病鸡缩头，两翅下垂，生长停滞，消瘦，甚至死亡，腺胃肿大、出血，胸腺及法氏囊萎缩，有腹泻等症状，部分病鸡流泪、肿眼。

【剖检病变】腺胃显著肿大，外观呈球形、半透明状，腺胃壁增厚，腺胃乳头融合肿胀、水肿、充血、出血或乳头凹陷消失，周边出血、坏死或溃疡，乳头流出脓性分泌物；死亡鸡肌肉苍白，胸腺和法氏囊萎缩；肠道，尤其是十二指肠肿胀，呈卡他性炎症，肠道内充满液体；肠壁增厚，形成局部性肿瘤；个别病鸡肾脏肿大并有尿酸盐沉积。

【防治措施】首先要增强褐马鸡的免疫力，可口服抗病毒口服液，料里添加"鸡胃灵"（石榴皮、粗胆酸、艾叶、火炭母、绿豆）进行对症治疗；同时加强饲养管理，加强孵化室和孵化机的卫生消毒，禽舍消毒用2种成分的消毒药交替使用，一般1周2次；发病鸡群防止并发症也可尝试用2～3倍量的鸡新城疫Ⅳ苗饮水（根据临床使用资料有明显的效果），同时每只鸡用5 000～10 000U青霉素、链霉素，以控制鸡新城疫和细菌性疾病的继发感染。在饲料上尽量少添加含铜较高的添加剂，杜绝饲喂发霉变质的饲料，同时补充维生素及纤维素复合酶制剂（王德超，2008）。

（五）痛风

痛风（gout）是一种与体内蛋白质代谢障碍及肾功能障碍有关的高尿酸血症。由于饲料中蛋白质尤其是核蛋白含量过高，体内产生的尿酸盐未能及时从肾脏排出，以致大量的尿酸盐沉积在关节、软骨、内脏器官和其他间质上。

【临床症状】病鸡精神高度沉郁，明显消瘦，羽毛松乱，食欲降低，粪便稀且量少，行动缓慢，不愿活动，常见眼半闭，呆立一处，最终因衰竭而亡。

【剖检变化】常见的病理变化为心包膜上覆盖一层乳白色、油腻感、质地细腻的附着物。该白色附着物不易刮离，有的渗透到心内膜下及心肌间。内脏如肝、脾、肾、肠系膜等处常见有白色物质附着，附着物面积大小、厚度与疾病严重性相关。

【防治方法】做好运动场丰容，增加运动场活动面积，种植褐马鸡喜食植物，降低饲料中蛋白质含量，饲料中添加维生素、微量元素和粗纤维。

第二节│健康体检

一、 体检目的

体检是为了了解褐马鸡的体况，保证动物能够正常生长发育和繁殖，同时为疾病预防和治疗提供真实可靠的依据。在实际工作中可以根据自身实际情况及现有条件，选择切实可行的体检项目。

二、 体检项目

二维码表 5

褐马鸡体检项目主要包括精神状态、体重、羽毛色泽及换羽情况、眼、耳、鼻、喙、翅、爪、泄殖腔、呼吸、采食消化、排泄、有无恶癖、既往病史、实验室检查、免疫预防情况等，详见二维码表 5。

三、 体检注意事项

1. 在体检进行前，制订详细的体检计划，如按照一年一次或两年一次等，按照体检计划，保质保量地完成体检，确保体检数据的完整性。

2. 在体检过程中，要以保证褐马鸡不受伤害为前提。如果动物有应激等情况，可以调整体检时间，同时还需确保参加体检人员的安全。

3. 在体检过程中，尽可能全面、详细地记录，保证数据准确、可靠。

4. 在体检中若发现异常，要及时分析产生异常的原因，并采取可行的措施，以减轻症状或阻止发病。

第三节 | 免疫预防

疫苗是指动物接种后能产生自身免疫并预防疾病的一类生物制品的总称。免疫接种是激发动物机体产生特异性抵抗力，使易感动物转化为不易感动物的一种手段。有组织有计划地进行免疫接种，是有效预防和控制传染病非常有效的方法之一，同时也是保障人兽健康的一种重要手段。

一、免疫途径

在生产中常用的免疫接种方法有滴鼻点眼免疫、翼膜刺种免疫、饮水免疫、注射疫苗和气雾免疫。在实际的工作中，应结合疫苗的种类及特点、免疫效果及场地的实际情况，选择适合的免疫途径。

1. 滴鼻、点眼免疫 用滴管抽取 1mL 水，计算 1mL 水的滴数。通过计算来确定稀释疫苗的比例。滴鼻免疫时左手握鸡，使一个鼻孔朝上，另一个鼻孔用手指堵住；右手拿滴管，对准朝上的鼻孔缓慢滴入 1～2 滴（彩图 61）。点眼免疫时应在两侧眼内各点 1 滴（彩图 62）。要看到每一滴疫苗确实被鸡吸进鼻孔或在眼内吸收，才能将鸡放开。对雏鸡来说，这种方法可以避免疫苗病毒被母源抗体中和，有较好的免疫效果。滴鼻、点眼免疫是逐只进行接种，能保证每只鸡免疫效果较为一致。新城疫Ⅳ系疫苗一般用滴鼻、点眼的方式进行免疫。

2. 翼膜刺种免疫 此接种法仅用于鸡痘疫苗的接种。具体方法是将翅膀绷直，并抹平或拔掉翅膀内侧翼膜上的羽毛，用消毒过的刺种针蘸取疫苗在翅膀内侧无血管处刺入皮下 1～2 次；或用注射器吸取疫苗在翅膀内侧无血管处注射 1 滴（彩图 63）。在免疫接种后 7d，检查接种部位，出现局部红肿，直径不超过 10 mm，并在反应灶中央有干痂出现，为正常的免疫反应。

3. 饮水免疫 把疫苗按照一定的比例加入水中，动物通过饮水而产生抗体的免疫方法称为饮水免疫。在饮水免疫时，为了提高免疫效果，可在水中加入0.2%～0.5%的脱脂奶粉。饮水法免疫具有省时省力、简单易行、操作方便的优点；但是动物饮水量的不同会造成每只饮入疫苗量不一致，从而导致免疫效果参差不齐。

为了提高饮水免疫的效果，在免疫时应注意：①稀释疫苗应使用生理盐水或纯净水，切不可用自来水直接稀释疫苗，因为自来水中的氯气能导致疫苗失活。②饮水免疫前应彻底清洗饮水设备，但是不能使用消毒液清洗，切不可用金属饮水器进行饮水免疫，最好使用陶瓷饮水器进行饮水免疫。③在饮水免疫前可控水2h，在饮水免疫时提供充足的饮水设备，确保每只鸡都能喝到水，以此来确保免疫的效果。

4. 注射免疫 常见的注射免疫主要包括皮下注射免疫和肌内注射免疫。皮下注射免疫一般在颈部；肌内注射免疫一般在胸部（彩图64）和腿部。注射免疫具有操作简便、吸收快、免疫效果好等优点，但是抓捕动物需要占用大量的人力，同时还会给动物造成严重的应激反应，在注射疫苗时如果操作不当，容易损伤肌内组织。禽流感疫苗一般用肌内注射方式免疫。

5. 气雾免疫 是通过气雾发生器，用压缩空气将稀释的疫苗喷射出去，形成雾化的分子颗粒游浮在空气中，通过口腔、鼻腔等部位吸收，进而刺激机体免疫系统以达到免疫的效果。气雾免疫具有节省时间、减轻人员劳动量、降低对鸡的应激反应等优点，恰当利用气雾免疫不失为一种不错的免疫方法。有慢性呼吸道疾病的动物应慎用。

二、 免疫接种程序及接种后的效果评估

购买疫苗时，要严格查看生产厂家的相关资质，查看疫苗是否在有效期内，包装有无破损。根据免疫程序，在规定的时间内进行疫苗接种；根据疫苗的特性，选择相应的接种途径。

接种疫苗后要及时填写疫苗接种登记表，见二维码
表 6。

二维码表 6

接种疫苗对动物来说，本身就是一种异物进入
动物机体内，因此接种疫苗后会有一定的反应，反
应的性质和强度会有所不同，接种疫苗后的反应类型可分为正常
反应、不良反应和并发症。

正常反应是指由于疫苗本身特性而引起的反应，如肌内注射
后的局部红肿等，一般不作特殊处理即可恢复正常。随着科学技
术的发展，疫苗制作工艺的不断优化，如基因工程疫苗的应用推
广，这类反应将得到逐步优化。

不良反应是指接种疫苗后引起的持久或不可逆的组织器官损
害或功能性的障碍，以及由此引发的后遗症。发生不良反应后，
应及时查明原因，杜绝不良反应的再次发生。

并发症是指既有接种疫苗后的正常反应现象，也有不良反应
现象，但通常症状比较轻微，通过后续的对症治疗一般可以恢复
正常。

接种疫苗后 1 周内要仔细观察动物的采食状况、精神状态和
运动情况等。为评估接种疫苗后的免疫效果，可在接种疫苗 15d
后进行抗体水平监测，并根据抗体水平及时调整免疫情况。

第四节 | 寄生虫病防控

一、 寄生虫普查

寄生虫分为体内寄生虫和体外寄生虫。常见的体内寄生虫如
球虫、线虫、组织滴虫，体外寄生虫如鸡虱。具体检测方法
如下。

粪便寄生虫检查：成虫可用肉眼观察；虫卵或幼虫可采用直
接涂片法、虫卵漂浮法和虫卵沉淀法，借助显微镜检查。

血液寄生虫检查：采用血涂片直接镜检或 PCR 方法检查。

组织内寄生虫检查：可用抗体、抗原检查等。

体表寄生虫检查：常见的体表寄生虫可用肉眼直接观察或借助显微镜检查。

二、 驱虫

为保障动物健康，需定期驱虫。

（一）工作程序

1. 驱虫工作的一般原则

（1）检查的重点：应注意各种球虫、蛔虫、异刺线虫及外寄生虫。群养动物，应进行抽检，抽检比例为20％。

（2）药物的剂量按千克体重计算，群养动物注意采食均衡。

（3）驱虫应尽量避开产卵、孵化期。

（4）驱虫给药一般安排在上午，主治兽医要对给药动物进行密切监视。

（5）感染动物完成驱虫后，要再次进行粪便检查，以检查驱虫效果。

（6）驱虫工作应与消毒工作结合进行，于投药3d后进行一次笼舍消毒。

2. 检疫期内动物的驱虫

（1）动物到达检疫场1周内应进行粪便检查。

（2）主治兽医根据检查结果、动物情况制订出驱虫方案，多种寄生虫感染时，驱虫原则是先驱除药效敏感、毒副作用小的寄生虫。

（3）粪便虫卵检查阴性的动物，临近检疫期结束时，进行一次预防性驱虫。

3. 定期的驱虫工作

（1）褐马鸡的驱虫工作，一般每年进行2次，即4月和10月各进行一次。驱虫前后进行粪便虫卵普查，阳性动物驱虫后应复查。

（2）群养动物驱虫时，应注意个别动物霸占食槽的现象，以防止动物药量不足或过量。

（3）对发病体弱动物，原则上应暂缓驱虫，待病愈后再行驱虫。特殊情况时，可小剂量、多次给药。

二维码表7

（4）对于反复感染或效果不理想的，应加大驱虫频率。

（二）相关记录

二维码表8

驱虫工作登记表、粪便检验报告单见二维码表7、8。

第五节│隔离检疫

隔离检疫是为了防止新进动物把疾病带入动物园内感染其他动物，是预防传染病的有效措施。隔离检疫的项目主要有临床观察（外形、精神、采食、运动等）、粪便检查（颜色、形状、数量、寄生虫等）、病原学检测、抗体检测等，同时在隔离检疫期还需要进行疫苗接种和驱虫工作。如果动物发病，还应进行相应的治疗工作。隔离动物常用禽流感、新城疫抗原快速检测卡进行相关检测。

褐马鸡隔离检疫流程：

1. 了解动物基本信息 了解褐马鸡来源地、年龄、性别、疫苗接种、驱虫、采食饲料的组成等相关情况，尽可能多地掌握相关信息，以方便后续的饲养管理。

2. 隔离检疫场地 应在专门的隔离场进行检疫。隔离检疫场地应与繁育区和展示区有一定的距离，以防疾病传播。禁止无关人员随意进入隔离检疫场所及随意接触隔离检疫动物。

3. 隔离检疫期的饲养管理 褐马鸡隔离检疫期间应配备专职饲养员进行饲养管理，详细记录每日的采食情况、精神状况等，定期对隔离检疫场所消毒。

4. 隔离检疫期的疾病治疗 褐马鸡隔离检疫期间要配备专

职兽医负责隔离期间的日常观察、疾病治疗、接种疫苗、驱虫等相关工作，宜进行相应病原检测（二维码表9）和免疫效果监测。

5. 隔离检疫期结束　正常情况下，褐马鸡的隔离检疫期为 30d，期满后转出隔离检疫场所，彻底打扫消毒室内外场所、料槽、水槽，以备后续隔离检疫需要。如褐马鸡在隔离检疫期间发生疾病，应尽快查明病因，积极治疗，待病愈后重新隔离检疫 30d，方可转出隔离检疫场。

6. 其他情况　在隔离检疫期内，如果褐马鸡死亡，要及时解剖，查明死亡原因，鉴别是否患有传染病。如确诊为传染病，则应严格按照国家相关规定执行；如为非传染病，可以考虑制作标本及供科学研究使用。

第六节 | 常　用　药

一、 病毒性疾病预防

通常褐马鸡需要预防的病毒性疾病包括禽流感、新城疫、法氏囊病和传染性支气管炎、鸡痘等。预防此类疾病需要根据当地褐马鸡体况和饲养环境情况制订科学合理的免疫程序（详见第八章第二节）。

需要注意：每次免疫都必须在鸡群基本健康的情况下进行，免疫前后饲料或饮水中要添加一些预防应激的药物如电解多维或维生素 C 等，但不能使用任何消毒药和抗病毒药，免疫前后 1 周内，尽量使鸡群免受各种人为应激因素干扰，以确保鸡体正常的免疫应答。

二、 寄生虫病预防

褐马鸡成年鸡对球虫、线虫易感，而雏鸡发生球虫和滴虫病后，若不尽早采取治疗则容易死亡。结合实验室检验制订完善的用药程序，例如：根据实验室检验结果，从 1 月龄开始，每间隔 7～14d 预防球虫、滴虫和线虫 1 次，一次为一轮，至少进行 2 轮，直至秋季结束。褐马鸡成年后春季、秋季各普查和防治性驱虫一次，其他时间定期检查。

三、 育雏用药

褐马鸡雏鸡出壳后，给予 2％～5％的葡萄糖水，每 2～3h 饮一次饲喂 3～7d。之后，补充电解多维，需要时可服用抗生素，但不宜用副作用大的抗生素（如痢菌净、磺胺类药等），有条件的还可适量补充氨基酸。

四、 营养性用药

针对褐马鸡不同生长期的营养需求，及时、适量补充营养药。常见营养补充用药有 B 族维生素、维生素 A、维生素 D、维生素 E、钙、磷、钠、氯、锰、硒、镁等。营养代谢病的主要病因在于营养物质的缺乏和不均衡，所以要根据褐马鸡的生长需求在饲料和饮水中添加必要的营养物质。

五、 抗应激用药

褐马鸡生性胆小，外界环境的改变极易造成褐马鸡的应激反应。抗应激用药是在疾病的诱因发生之前即开始用药，以提高机体抵抗力。目前常用的抗应激药有电解多维、维生素 C 等。

六、 消毒用药

褐马鸡笼舍消毒可以杀灭病原体，净化环境，切断疾病传播途径。常用的消毒用药有含氯消毒剂、胍类消毒剂、过氧化物类消毒剂、杂环类消毒剂、醛类消毒剂、酚类消毒剂、含碘消毒剂、醇类消毒剂、生物类消毒剂。根据情况选择合适的消毒剂，对活动场地、器械工具、饮水设备等进行定期消毒。特别注意的是消毒药须交替使用，以防止细菌、病毒等出现耐药性。

七、 保护肝肾用药

在褐马鸡疾病防治过程中尽量避免频繁用药，避免增加褐马鸡肝、肾的解毒和排毒负担；肝、肾超负荷工作会导致肝中毒、肾肿大。在实际饲养中，根据实际情况可以定期或不定期地使用保肝护肾药做补救，比如肝胆颗粒或龙胆泻肝散。

第七节 | 病患护理及尸体处理

一、 病患护理原则

1. 适宜的环境 为保证动物的正常治疗，同时保证其不受到其他疾病（如感冒、发热）的侵扰，应为动物选择整洁、安静的笼舍，提供足量的清洁饮水和适量饲料，控制室内温度和湿度，保证室内环境通透性。

2. 控制饲料的配比 根据患病褐马鸡当时的情况适当改变饲料配比和添加营养，品种尽可能多样，适口性好，保证动物在患病期间营养均衡。

3. 日常护理 患病褐马鸡应由专人饲养、护理，日常要留意观察患鸡的精神、行为、采食、排泄情况，注意观察其患病部位，及早发现其他病变。

二、 病患护理方法

1. 骨折护理 褐马鸡骨折主要发生在腿脚、翅膀，根据骨折情况使用绷带、石膏、夹板固定包扎治疗。术后须专人看护，保证患鸡相对安静，避免应激刺激。适时观察患肢，如患肢末端变冷，活动受限，则必须重新进行处理。护理过程中，应按情况给予肌内注射或口服消炎药，补充所需营养。护理过程中如患鸡精神状态差，无法自主采食，则需考虑采取人工强饲，进行填喂，从而维持体力。患肢包扎 30d 左右即可拆除。

2. 外伤导致神经症状的护理 褐马鸡生性敏感，在饲养过程中极易受到惊吓，慌不择路，撞到围墙、围栏导致颅内出血发生神经症状。当发生头部撞伤情况时，应及时静脉交替推注20％甘露醇、25％山梨醇、50％的葡萄糖；当效果不明显或无效时，可以在使用上述药物基础上，分开静脉推注高效利尿剂（速尿或利尿酸钠等）及激素，并配以消炎药治疗。后续依照病情治疗，并为患鸡选择安静温暖的笼舍，固定饲养人员，防止褐马鸡受到惊吓，造成二次伤害。

三、 尸体处理

褐马鸡死亡后，要立即进行尸体处理。①死亡现场：观察现场情况，寻找问题的致死因素；查看尸体的状态，如有没有明显的外伤等。②实体测量：把尸体运到兽医院进行测量，记录体长、体重、翅长、爪长、飞羽长等基础数据。③尸体剖检：切开胸部、腹部，查看内脏的位置、颜色、胸腹腔的积液量、颜色，重点检查有病理变化的脏器，如变化部位、具体变化等。④尸体保存和样品采集：对于羽毛完整的尸体，尽可能保存好，用于制作标本；采集组织样品进行病理、病原等进一步检查，可保留肌肉、羽毛等样品进行深入研究。⑤无害化处理：对剖检后无用的组织等集中保存，统一进行无害化处理。

第八节 | 样本采集及保存

一、 血液样本

（一）采血用具

采血可以用 1、2.5、5、10mL 注射器。采集少量血液时，可选用 25 号针头；采血量大时，应选用大针头(20～23 号)或导管。

（二）采血方法

采血量应根据具体要求而定。褐马鸡主要有 3 处静脉穿刺部位，具体方法如下。

1. 跗跖骨内侧静脉 保定人员将褐马鸡按一般运输时的姿势保定，压迫其跗关节上方，使跗跖骨内侧静脉在腿内侧沿跗跖骨内侧充盈起来。兽医用手在鸡静脉穿刺部位下方抓住其腿，用酒精消毒穿刺部位，另一只手持注射器抽取血样。只有用血量少时（最多3mL），可用这条静脉采血，抽血速度不可太快，否则静脉会内陷。该方法缺点是腿不好控制，褐马鸡挣扎会有伤害腿的危险；优点是很少发生血肿，因为在骨、腱和皮肤之间血液积存的空间极小，而且如果出血，用一条压力绷带止血既方便又安全。

2. 右颈静脉 褐马鸡颈部较短，需保定好动物，暴露颈部。临床上，一人将褐马鸡保定，另一人站在鸡头左侧，抓住鸡头、颈部使其伸展并扭转，使头颈右侧向上，然后另一只手用力压迫颈基部使右颈静脉充血。兽医需先用酒精涂湿羽毛，以使静脉能看得更清楚，然后，从右侧进行静脉穿刺采血。取出针头后，压迫穿刺部位至少1min，以防出现血肿。如果已经出现血肿，则继续压迫血肿部位，直到血肿不再扩大。放手后，继续观察30min，注意是否出现颈部羽毛粗乱不平、颈部膨大、精神委顿或虚脱等症状。

3. 翅静脉（皮下尺骨静脉） 位于翅下的肘部区域。采用这种方法要将褐马鸡仰卧（胸部朝上）保定在平面上（地面、桌子等），将一侧翅膀伸展。一人压迫肱部，促使翅静脉充血，用酒精消毒采血部位并分开羽毛露出静脉（彩图67）。该方法缺点是该保定方式很难保证安全，伤害褐马鸡的危险性很大，而且经常发生小的血肿。若褐马鸡处于麻醉状态下，可采用该方法采血，以避免颈部采血影响气体麻醉剂的吸入（由玉岩，2020）。

（三）血液生理指标样本制备

1. 制作血涂片 用玻片推制血涂片是一种常规方法，建议选用血涂片推片，以避免破坏血细胞；还有一种制作血涂片的方法，是在盖玻片上滴一滴血，再盖上另一盖玻片（或载玻片），让血滴在两张盖片之间散开，然后快速滑动并分开盖片。

2. 血涂片染色 以瑞氏-吉姆萨染色为例：使用甲醇固定血涂片，自然风干；使用瑞氏-吉姆萨染液染色 15min；滴加双蒸水使染液漂浮，流水冲洗，风干。

3. 分类计数 如果血涂片是用推片法制作，为了保证细胞分类结果准确，必须对血片的所有区域都进行计数（血膜的边缘和中心）。如果血涂片是用盖片法制作，则只计数血膜中心的部分。

(四) 血液样本采集与处理

血液样本采集与处理步骤如下：

1. 白细胞 在血液样品中加入 3 倍体积红细胞裂解液（如 $100\mu L$ 血液加入 $300\mu L$ 红细胞裂解液），颠倒混匀，室温放置 5min，其间再颠倒混匀几次，10 000r/min 离心 1min（若是离心机最高转速不允许，可以3 000r/min 离心 5 min），吸去上清，留下白细胞沉淀。分离白细胞后，加入适量的总 RNA 抽提试剂，投入液氮冷冻，然后于液氮中存放或转入 $-80℃$ 超低温冰箱保存。填写样本登记单，写明样本名称、组织类型、编号、取样日期、样本处理过程等情况。

2. 全血 采用无菌抗凝管存储全血；采血以后，颠倒混匀 8～10 次；4℃放置过夜后转入 $-20℃$ 或 $-80℃$ 冰箱中保存；填写样本登记单，写明样本名称、组织类型、编号、取样日期、样本处理过程等情况。

3. 血清 血液凝固析出的淡黄色透明液体即血清。抽出新鲜血液加入试管中，不添加抗凝剂；室温（22～25℃）放置30～60min，血液标本自行凝结，小心吸取析出的淡黄色液体，收集于样品保存管中，$-80℃$ 保存备用；填写样本登记单，写明样本名称、组织类型、编号、取样日期、样本处理过程等情况。

4. 血浆 采集外周血 2mL，迅速转入 EDTA 抗凝管中，颠倒混匀；室温或者 4℃ 低速离心；吸取上清液转至洁净的 EP 管内；$-80℃$ 保存备用；填写样本登记单，写明样本名称、组织类型、编号、取样日期、样本处理过程等情况。

5. 血液 DNA 样本 采集 1～2 mL 外周血，加入 EDTA 抗凝管中，颠倒混匀，确保抗凝剂与全血充分混匀，－20℃或者－80℃保存备用；填写样本登记单，写明样本名称、组织类型、编号、取样日期、样本处理过程等情况。

6. 血液蛋白样品（血浆） 采集新鲜血液，切忌溶血，全血分离血清，或 EDTA 抗凝血分离血浆，分装 100～500μL 至洁净的离心管内，－20℃或者－80℃保存，备用；填写样本登记单，写明样本名称、组织类型、编号、取样日期、样本处理过程等情况。

7. 代谢组学样品（血清） 采集全血，置入无抗凝剂的管内；室温或 37℃静置，凝固分层，亦可低速离心，促进血清析出；吸取上清液置于冻存管中，－80℃保存，备用；取血时，如使用酒精消毒，需待酒精完全挥发后取样；取血时如使用麻醉剂，建议使用异氟烷避免出现干扰峰；如需采集血浆，务必使用肝素抗凝剂，且避免反复冻融；填写样本登记单，写明样本名称、组织类型、编号、取样日期、样本处理过程等情况。

二、 组织样本

组织样品多发生于动物死亡后的样品采集。内脏组织应在动物死亡 6h 内采集，如气温升高，时间应进一步缩短。在条件允许的情况下，应尽量多取组织，且尽量采集未坏死组织，采样应避免过度挤压组织或高温灼烧。根据实验目的决定采样顺序，一般按照先取洁净部位再取污染部位的原则，先打开胸腔，再打开腹腔。若以动物死后组织发生变化的速度而定，采样时应先采集易发生腐败自溶的部位，如肠道，之后再对实质器官进行采样。如样品需进行组织切片制作，取材时还应注意保持脏器各组织结构完整，如应保持消化管黏膜、肌层和浆膜的完整，肝、脾的被膜完整，且组织需及时投入固定液中；若组织进行分子生物学或蛋白质组学实验等，则需根据实验要求做好分装和冷冻保存；若进行其他项目检查，可依据项目检查要求加入适宜媒介进行存储。同时做好样品信息及处理方法登记（贾婷，2003）。

三、 咽肛拭子

拭子采集时应保证采样部位清洁，避免污染。采集肛拭子前，应对肛门进行冲洗，避免粪便污染；采集口、咽拭子时，应避免蘸取到黏膜表面杂质或病损表面分泌物。对于拭子保存应根据不同病原微生物检测要求，将拭子投入相应保存液中。若进行其他项目检查，可依据项目检查要求加入适宜的保存液进行存储。同时做好样品信息及处理方法登记。

四、 粪便样本

采样前，宜对环境进行清扫或消毒，尽可能降低环境对样品的污染。选择动物种类、个体信息明晰且新鲜无污染的粪便进行采集。采集时，采样者应佩戴一次性手套。采集不同个体样品时，需更换手套，以避免样品交叉污染。采集的样品可置入粪便专用采集管中，亦可置入自封袋或者离心管内。若进行寄生虫检查，可直接检查，也可4℃或−20℃短期保存；如进行微生物组学或代谢组学研究，可将采集样品直接−80℃保存，备用；若进行其他项目检查，可依据项目检查要求加入适宜媒介进行存储。注意做好样品信息登记。

五、 羽毛样本

拔取个体羽毛，可选择三级飞羽或尾羽，每个个体需要3～4根带羽髓的羽毛样品。毛发样品用酒精消毒后剪下羽柄，放入洁净自封袋，加入变色硅胶常温或者4℃保存。登记好个体信息及采样时间等相关信息（金继英和由玉岩，2020）。

六、 卵和卵壳

收集无精卵，孵化后的卵壳等，进行研究。

CHAPTER NINE

第九章
保护教育

第一节｜褐马鸡历史和文化内涵

一、 褐马鸡史学研究

北京周口店北京人遗址是世界上迄今为止人类化石材料最丰富、最生动的遗址，而在其新生代地层中，就有距今约6 000万年的褐马鸡化石（珍禽褐马鸡，1990）。古籍中多称褐马鸡为"鹖"。较早的记述要追溯到先秦时期的《山海经》，在其《中山经·中次二经》中记有："注山之首，曰辉诸之山，其上多桑，其兽多闾麋，其鸟多鹖"。这一记述告诉后人：在"注山"起首的"辉诸山"上，生长着茂盛的"桑"林，其间大型动物主要有"闾麋"，而鸟类主要是褐马鸡。

春秋时师旷撰写了我国古代的鸟类学专著《禽经》。《禽经》中对褐马鸡作了系统的描述："鹖，毅鸟也。毅不知死。状类鸡，首有冠，性敢于斗，死犹不置，是不知死也。"这里称褐马鸡为"毅鸟"。"毅"是"果决，志向坚定而不动摇"的意思。毅鸟的特点是形态像鸡头上长有冠羽，习性敢于打斗，打斗起来不怕死，置生死于度外。

春秋时期成书的《左传》曰："鹖冠武士戴之，象其勇也。"
《续后汉书》舆服志记载："虎贲武骑，皆鹖者，勇雉也，其斗死乃止，故赵武灵主以表武士焉。"

当时皇帝命武将冠插鹖尾，竖左右，以示英勇。直至汉朝的汉武帝时，正式定为武冠。

三国时期著名的曹魏诗人、文学家曹植曾做《鹖赋》，其文如下：

鹖之为禽，猛气，其斗终无胜负，期于必死，遂赋之焉。

美遐圻之伟鸟，生太行之岩阻。

体贞刚之烈性，亮金德之所辅。

戴毛角之双立，扬玄黄之劲羽。

其沉殒而重辱，有节侠之义矩。

降居檀泽，高处保岑。游不同岭，栖必异林。

若有翻雄骇逝，孤雌惊翔，则长鸣挑敌，鼓翼专场。

逾高越壑，双战只僵，阶侍斯珥，俯耀文墀；

成武官之首饰，增庭燎之高晖。

曹植以优美的文辞对褐马鸡的习性作了赞誉，称之为"伟鸟"，认为其有坚贞不屈的性格，如同侠士一样的风格，同时对它的习性作了生动和准确的描述，最后成就了其羽毛可为"武官之首饰"的美誉。

《后汉书》舆服志曾对鹖冠的形状作了详细的描述："武冠环缨无蕤（rui），以青丝为绲，加双鹖尾，竖左右，为鹖冠"。这种"鹖冠"一直到晋、隋、宋等朝代都沿袭使用。清代实行了区别官员品级的"顶戴花翎"制，官帽的花翎有花翎和蓝翎之分。其中，花翎为孔雀尾羽所做，蓝翎则为鹖羽所做，蓝翎又称为"染蓝翎"，以染成蓝色的鹖羽毛所做。

明朝李时珍在《本草纲目》禽部四十八卷中写道："鹖状类雉而大，黄黑色，首有毛角如冠。性爱其党，有被侵者，直往赴斗，虽死犹不置。"他描述褐马鸡是像雉鸡一样的大型鸟类，身体黄黑色，头上长有角状羽冠。习性爱集群，有异类入侵，英勇去打斗驱逐，直到斗死都不畏惧。

现代科研工作者对褐马鸡的习性作了大量的科学研究，表明褐马鸡有很强的领地行为，对于入侵领地的个体，褐马鸡会英勇地进行啄斗，驱逐来犯者，直到最终胜利。2008 年 6 月，在山西庞泉沟国家级自然保护区笼养褐马鸡大棚内，众鸡将一只外来的野生褐马鸡啄得全身不留一毛而死（杨世广，2012）。

二、 褐马鸡的文化内涵

1984 年，山西省人民政府将褐马鸡定为山西省"省鸟"。

1989 年 2 月 21 日，为迎接在中国召开的"第四届国际雉类学术讨论会"，深入宣传保护野生动物的意义，中华人民共和国邮电部发行一套《褐马鸡》特种邮票，志号为 T.134，全套 2 枚邮票，图案分别为"英姿"和"双栖"。（耿守忠等，1998）。"英姿"图案是一只褐马鸡头部和胸部的特写形象。画面右上角标有"褐马鸡"及其学名 *Crossoptilon mantchuricum*。画面中：褐马鸡头顶上细毛茸茸，红红的面颊呈现明显的绒状，质感强烈；颈部的羽毛光泽耀眼，根根可数，刻画得细致入微；耳后翘起的那簇白色羽毛，像角，像耳，显得英姿勃勃；尤其是那仿佛凝视沉思的眼神，颇富情趣。背景是三只在远处觅食嬉戏的褐马鸡。绘画者淡淡几笔勾勒出褐马鸡的群体形象，情态各异，既表现出了褐马鸡的群居习性，也使画面富有层次和动感。"双栖"图案描绘了一对褐马鸡在草丛中悠然栖息的情景。画面右下角标有"褐马鸡"及其学名 *Crossoptilon mantchuricum*。画面着重表现了褐马鸡丰满、华丽的羽毛和秀美的身姿：银白色的羽毛柔软、松散；尾羽犹如骏马扬起的长尾，气质潇洒，风度翩翩。两只褐马鸡一立一卧，立者单脚着地，神情警觉，表现出一种责任感；卧者从容不迫，悠然自得，创造出了一种和谐、幸福的气氛。

1998 年 10 月 23 日，我国发行珍稀野生动物纪念币，共 10 个品种是我国唯一的保护濒临灭绝珍稀动物题材和唯一的环境保护题材纪念币。面值均为 5 元，规格均为直径 32mm、重量 13.5g，发行量均为 600 万枚，材质都是紫铜合金，是所有纪念

币中最重、直径最大的。褐马鸡纪念币为其中之一，正面图案为
国名、国徽、年号，背面图案为独立于山坡的褐马鸡、面值。

2000年2月25日，我国发行《国家重点保护野生动物（一
级）》特种邮票，褐马鸡再次入选，图案为站在草丛中张开尾羽
的一只褐马鸡，面值为1元。

2018年8月18日，第二届青年运动会吉祥物在山西太原揭
晓，以褐马鸡为创意元素的吉祥物"青青"从217份吉祥物申报
材料中脱颖而出，最终被确定为第二届青年运动会的吉祥物（图
9-1）。

图9-1　第二届青年运动会吉祥物"青青"
（国家体育总局）

目前，褐马鸡被定为我国"国鸟"候选对象之一。它英勇善
斗，与古老华夏文明紧密相连，是传统中华勇士的象征。它是我
国特有的珍稀鸟类，在全面建设生态文明的社会主义国家、弘扬
伟大中华民族精神的今天，拥有很高的保护价值。

第二节｜保护教育

加强褐马鸡的保护教育宣传工作，在宣传时要注重传统媒体
和新媒体相融合，注重线上活动和线下活动相融合，注重"走出
去"（如走进校园进行褐马鸡的科普教育宣传）和"请进来"（如

游客走进动物园近距离观察了解褐马鸡的生活习性）相融合。同时要充分利用"野生动物保护宣传月"、3月3日"世界野生动植物日"、4月第一周"爱鸟周"、5月22日"国际生物多样性日"等活动，充分宣传褐马鸡的基础知识和野生动物相关法律法规，积极倡导"尊重自然、顺应自然、保护自然"的生态文明观，增强社会公众爱护褐马鸡等野生动物的意识。同时动员全社会力量，充分发挥志愿者、公益组织和民间团体的优势，创新宣传方式、扩大宣传范围，让宣传活动走向社会、进入校园、深入基层。指导重点村庄制定乡规民约，引导村民自觉抵制非法行为。依法打击非法捕猎褐马鸡等野生动物的典型案例，以案说法，营造强大震慑声势，发挥警示教育作用。

常用的宣传方式：在褐马鸡饲养场地悬挂褐马鸡说明牌（图9-2、彩图69），方便于游客参观动物同时了解动物习性；在动物园门口电子屏（图9-3）播放褐马鸡相关宣传视频；在动物园摆放褐马鸡造型迎宾花坛（彩图70）；利用褐马鸡标本（图9-4）向公众传播保护褐马鸡的知识；通过传统媒体（图9-5）和新媒体（图9-6）开展宣传和报道。

图9-2 褐马鸡说明牌｜（张丽霞 摄）

图9-3 动物园门口设置电子屏｜（张丽霞 摄）

图9-4 褐马鸡标本 ｜（张沛沛 摄）

图9-5 传统媒体报道褐马鸡｜（张丽霞 摄）

图 9-6 新媒体宣传褐马鸡 ｜（张丽霞 摄）

第十章
物种保护策略

第一节 | 威胁因素

一、 野外威胁因素

（一）社会因素

1. 人类对森林的长期利用，尤其是明、清代以来对华北森林的几次大规模砍伐和破坏，造成森林面积的大幅度减少，从而导致褐马鸡分布区的面积急剧缩小（冯宁，2007）。

2. 历史上曾用褐马鸡尾羽做官员帽子上的装饰，导致褐马鸡被大量捕杀。

（二）环境因素

这是褐马鸡生存所面临的最主要问题。与大多数主要栖息在我国境内的雉类分布区相比，褐马鸡是分布区最为狭小的种类之一。此外，野生种群数量稀少，一些地理种群的数量已出现下降趋势，也对褐马鸡构成威胁。其对生态环境的要求较为特殊，如地栖性、喜居住于森林等特性影响其在分布区的种群密度和成活率，一旦森林环境受到破坏，其种群发展空间就会受到极大制约。

（三）生物特性影响

1. 褐马鸡自身体型大、性成熟晚、有晾卵行为等，使其在繁殖过程中易被天敌发现。

2. 褐马鸡对多种疾病易感，如体内寄生虫病等均会影响褐马鸡的生存、繁殖。

3. 作为留鸟，褐马鸡的飞翔能力较差，繁殖受到限制。近亲交配引起遗传衰退，使得其种群遗传多样性降低。

（四）人类活动的干扰

1. 人类活动致使褐马鸡的分布区逐渐变小，最后仅残存于人烟稀少、森林保存相对较好的吕梁山脉等。

2. 过度捕猎是褐马鸡数量减少甚至在局部区域灭绝的重要原因。在过去许多地方都有农民以打猎为生，褐马鸡曾是他们的狩猎对象之一。1988年《中华人民共和国野生动物保护法》颁布，国家将褐马鸡列为国家一级重点保护野生动物后，除个别人私自非法捕捉或捕杀褐马鸡外，乱捕褐马鸡的现象已基本消失。

3. 人类对褐马鸡繁殖的干扰是导致其繁殖成功率低的重要因素。在褐马鸡的分布区，人类活动如中药采摘、放牧、旅游等会干扰褐马鸡的交配、产卵和育雏，使得褐马鸡的营巢成功率较低、繁殖率下降。

（五）天敌影响

在自然环境中，褐马鸡存在多种天敌，如狐狸、大嘴乌鸦等，它们对褐马鸡巢、卵、雏鸡、成鸡在不同程度上存在捕猎和威胁。

二、 圈养威胁因素

1. 饲养操作影响 圈养褐马鸡对饲养环境及设施要求较高，每只饲养面积宜不少于 15m²，繁殖期一雄一雌配对笼养，每对饲养面积不少于 35m²。要求周围环境安静，不能有干扰（包括来自同类的干扰）。笼舍内需设置水池、沙池、栖架、绿植、遮阳设施、躲避设施、繁殖巢等。

日常操作中，保育员要注意观察动物，发现异常及时处置，及时清理粪便和残余食物，维护丰容设施，定期更换沙土。

2. 种群配对影响 褐马鸡具有一定的择偶性，在实际饲养中人为将2只褐马鸡进行配对，有时可能会打斗，打斗严重时可能会造成死亡。如果选择不适合的个体，即使可以合笼饲养，有些褐马鸡也不产卵，或未受精的卵。仅有少数褐马鸡配对成功并可以顺利产下受精卵，但是基本不抱窝，最后还是需要人工孵化育雏。

标识缺失不清，个体信息缺失，对科学配对造成一定的影响。目前7个饲养单位中有3个动物园进行标识，采用脚环方式，而脚环使用寿命平均在2～3年，有的可能使用2个月就掉落，需要及时发现和补充。目前尚没有用电子芯片进行标识的单位。现有谱系中存在很多个体父母住处不详、年龄不详等情况。

褐马鸡的遗传多样性低。在圈养环境中缺少新的个体引入，很容易引起近亲繁殖和遗传多样性降低。

3. 孵化育雏难度大 褐马鸡出雏时间长，家鸡卵从啄壳到完全出雏大多为2～5h，褐马鸡从啄壳到完全出雏为8～24h，甚至更长时间。

4. 展示环境影响 褐马鸡喜欢相对安静的环境，尤其繁殖期对环境是否安静的要求更高。因此，在游览环境中的褐马鸡很难繁殖成功。如果没有更好的繁殖条件，要在笼舍周围设置绿篱，笼舍内种植灌木丛，给褐马鸡创造隐蔽环境，尽可能减少游客影响。

5. 疾病影响 在人工圈养条件下，相较于家鸡，褐马鸡对多种疾病更易感，感染疾病后预后效果不理想。因此，建议日常消毒、换沙有保障，定期驱虫和接种疫苗，发现异常及时告知兽医，采取相应的措施

第二节｜保护与发展策略

一、 就地保护

1. 减少栖息地破坏，建设和扩大自然保护区，建立生态走

廊　自然保护区是野生动物的避难所，可以有效保护野生动物的种群规模。为了防止和延缓褐马鸡种群数量减少，目前在褐马鸡分布的三大山系已经建立了山西省庞泉沟、灵空山、芦芽山、五鹿山、黑茶山，河北省小五台山，北京市百花山，陕西省韩城、黄龙山等多个国家级自然保护区；同时建立了多个省级自然保护区。目前这些自然保护区成立了"中国褐马鸡姐妹保护区"组织，定期进行交流。国家有关部门应进一步加强对各保护区的统筹管理，建立褐马鸡的保护联动机制。进一步加强已建保护区的管护能力，提高保护区的科研检测水平和管理水平。为了确保褐马鸡有足够面积的适宜栖息地，需要通过封山育林和植树造林来开展栖息地恢复，以扩大褐马鸡适宜生境的面积。在保护区之间建立生态走廊，以有效地防止由于地理隔离造成小种群的遗传漂变、种群分化。

2. 减少人类活动的干扰，做到人与褐马鸡和谐相处　应把褐马鸡的适宜生境作为重点保护区。在保护区的核心区内严禁高强度的人为干扰，在种群集中分布区设立标志牌，严禁人为破坏和乱捕滥猎，加强法制管理。对于森林旅游，保护区应根据褐马鸡的生活习性以及褐马鸡对栖息环境的季节性选择，严格控制旅游区的面积、空间位置，远离核心区，严格控制可能对栖息地造成破坏的活动项目，严格控制每日进入保护区的人数，特别是在褐马鸡繁殖期时。

3. 加强对当地民众的宣传教育　可通过标语、板报、电影等各种形式加强对林区群众的科学普及、自然保护和法制宣传教育工作，力求家喻户晓（李吉利等，2002），培养其自然保护意识和法制观念，有效地减少其对褐马鸡及其卵、巢的破坏。

4. 适当控制天敌的数量　天敌对褐马鸡的捕食是制约其种群发展的重要因素之一。因此，在天敌密度较高的地区，应采取有效措施控制天敌对褐马鸡种群的危害。尤其是在繁殖期，适当控制天敌（如大嘴乌鸦）的数量可明显改善褐马鸡的营巢成功率。

5. 重视自然保护区外的适宜生境 褐马鸡当前存在 3 个分隔的地理种群。李一琳和丁长青（2016）采用最小凸多边形法和 MaxEnt 模型预测发现，当前自然保护区存在一定的保护空缺，大面积的适宜生境仍处于未保护状态。通过保护每个地理种群的适宜生境，提高种群分布区域内适宜生境的完整性和连通性是可行的。重视自然保护区外的适宜生境，有利于褐马鸡的进一步保护。

二、 易地保护

（一）野生动物安全管理技术

1. 人员对褐马鸡的可能伤害 人员进入笼舍时提前给动物警示，防止忽然进入对褐马鸡造成惊吓。人员进入笼舍时靠一侧走，给动物留出躲避人的通道。捕捉时不能抓握褐马鸡的翅膀羽毛和尾羽，可以抓双腿或适当用力按住背部或抓住两侧翅膀根部。错误的配对，尤其在繁殖季节，容易造成褐马鸡相互之间的打斗伤害。

2. 褐马鸡对人员的可能伤害 褐马鸡对人员构成的伤害相对较小。饲养管理中最好穿长袖长裤衣服，在褐马鸡对人有攻击行为时注意保护好眼睛；在进入有攻击行为的褐马鸡笼舍内时，可以拿一把扫帚等物品作保护。繁殖期有的雄性褐马鸡容易有攻击人的行为，要防止被褐马鸡的距伤到，尤其捕捉时要避免手抓到距上。

3. 防止褐马鸡逃逸 进出笼舍随手关门上锁。每天上下班巡查笼舍，有安全隐患及时解决。

4. 褐马鸡逃逸处理 不慎造成褐马鸡逃逸的，应第一时间寻找到逃逸的动物。发现逃逸的褐马鸡不要急于靠近，联系多人从三面慢慢大范围围住它，留一个方向作为褐马鸡行走的方向。根据褐马鸡行动节奏，人员从褐马鸡身后和身旁缓慢向前，让褐马鸡慢慢走回笼舍。围堵褐马鸡过程中，切忌快速追赶，容易造成褐马鸡慌乱中不择方向地乱飞。围堵褐马鸡过程中尽量给褐马鸡留出通道，把它逐步引向笼舍，避免选择四面围堵，造成褐马鸡向空中飞起（飞向房顶）。提前把逃逸褐马鸡准备进入的笼舍门打开，在通往笼舍门的路上少量放置面包虫等褐马鸡喜食的食物。

（二）野生动物疾病防控技术

褐马鸡对多种禽病易感，而且抵抗力弱，即疾病到来时，褐马鸡会比其他的雉鸡类更容易发病死亡，有时死亡后解剖，肉眼很难发现明显病变。所以褐马鸡的疾病防控应该以预防为主。

（三）动物园动物笼舍要求

1. 笼舍面积

（1）**适宜的笼舍面积**　太原动物园褐马鸡单间笼舍室内外建筑面积（含墙体）为 $35\sim50m^2$，高约 2.5m。饲养 1 对褐马鸡，自然保护区每只褐马鸡平均面积大于 $100m^2$，更适合褐马鸡的生长、发育。

（2）**饲养密度**　饲养密度约 $17\sim25m^2$/只。$50m^2$ 的笼舍最多可以用于饲养 3～4 只成年褐马鸡，饲养密度为 $12\sim16m^2$/只。为了防止繁殖期打斗，这些褐马鸡应该是从小在一起长大的，且从未分开过。但是这样对繁殖不利，不推荐，仅用于应急。特例：有一间 $35m^2$ 的笼舍饲养了 4 只老年和残疾的褐马鸡，4 只中有 1 只左眼失明，3 只超出正常繁殖年龄，饲养密度约为 $8m^2$/只；这 4 只褐马鸡繁殖期在一起没有出现剧烈的打斗，可以和平共处，但冬季会出现不同程度的尾羽缺损。

2. 下水道口要求　曾发生 7 日龄的褐马鸡雏鸡掉入 2cm 宽间隔的下水道篦子下面的事件，而且一次掉进去 4 只（彩图 68），发现后及时将小褐马鸡取出。

用成年褐马鸡笼舍饲养雏鸡时，考虑解决措施：①可以将下水道漏网换成网眼 1cm 的钢丝网或者在钢板上打 1cm 大小的孔；②在育雏期间，用砖、木板等暂时将下水道口盖住。

3. 笼舍内不能有缝隙　褐马鸡笼舍内小于 0.5cm 的缝隙可能会卡住褐马鸡脚趾甲、脚趾或羽毛，1～2cm 的缝隙可能会把褐马鸡腿夹住，2.5～3.5cm 的缝隙可能造成褐马鸡整个爪子被卡住，10～20cm（根据个体年龄、体型大小，数据还会有差异）的缝隙可能造成褐马鸡掉落进去出不来。所以笼舍内如果放置木箱等物，应紧贴住墙，或与墙的距离大于 30cm。笼舍内的暖气片缝隙都可能对褐马鸡造成不必要的损伤，可以不安装暖气片，或者对暖气片进行防护。

（四）野生动物福利评估技术

根据褐马鸡生物学习性，褐马鸡饲养笼舍若能达到如下标准，则为福利水平较高的笼舍：成对饲养的褐马鸡笼舍面积不小于 50m²，笼舍面积若大于 200m² 更好；不与其他物种动物混养。笼舍内多提供不同位置、变化多样的栖木。室外笼舍有自然地面，种植草坪、灌木、乔木等绿植。笼舍内有供动物躲避的设施和遮阳、遮雨设施。地面铺垫物多样，如沙子、泥土、稻草等。笼舍内提供多个不同位置和形式的巢箱。笼舍所处环境安静，周围不能饲养各种天敌类动物。

（五）野生动物救护技术

褐马鸡作为国家一级保护物种禁止个人无证饲养，应该由有饲养条件和资质的单位饲养。接到救护的褐马鸡后，应该核对确定动物品种是否是褐马鸡，进行初步诊断，根据实际情况进行科学治疗，实施隔离检疫，做好康复饲养和档案记录（臧春林，2015）。

去野外救护褐马鸡，需要提前准备运输车辆、合适的笼箱、扣网等工具。发现动物后，根据实际情况做出判断：具备野外自主生存能力的动物，应该尽快将其放归野外；不具备野外自主生存能力的动物，将其带回动物园进行精心照料。

（六）野生动物放归及管理技术

通过再引入的方法在历史分布地区重新建立起野生种群。

再引入作为拯救珍稀濒危物种的一条有效途径，已在鸟类和哺乳动物上获得了成功（张正旺，1992）。由于褐马鸡的分布区比较狭小，通过再引入的方法在已经灭绝的地方重新建立起野生种群，能够在较短的时间内迅速扩大褐马鸡的分布区，促进褐马鸡种群的健康发展。北京师范大学已经在山西五台山进行了试验，并初步取得了成效。2000 年释放的 8 只褐马鸡，除 1 只在释放后的第 2 天被猛禽捕食、1 只在第 9 天发射器信号出现故障外，其余 6 只个体的存活期都在 1 个月以上，其中跟踪观察时间最长的 1 只存活期超过 5 个月（张国刚等，2004）。建议有关部门支持褐马鸡再引入工作的继续实施，使更多已灭绝地区重新建立起褐马鸡的野生种群。

（七）种质资源保存技术

褐马鸡动物种质资源保存，包括做好活体保存和离体保存工作。活体保存可分为就地保护和易地保护 2 种。离体保存包括分子保存和细胞保存。分子保存分为基因级 DNA 保存、基因组文库保存、cDNA 文库保存、DNA 芯片保存 4 种。细胞保存可分为配子保存、胚胎保存和细胞保存 3 种。

参 考 文 献

安春林，郑建旭，郭书彬，等，2000. 小五台山野外褐马鸡育雏行为的观察 ［J］. 河北林业科技（5）：10-11.

白锦荣，张爱军，2016. 基于红外触发相机陷阱技术的小五台山物种多样性调查 ［J］. 河北林业科技（5）：48-51.

白绪祥，王立强，2008. 一例褐马鸡禽痘病的诊疗 ［J］. 畜牧兽医杂志，27（4）：98.

白元生，1999. 饲料原料学 ［M］. 北京：中国农业出版社.

蔡宝祥，2004. 家畜传染病学 ［M］. 4 版. 北京：中国农业出版社.

仓决卓玛，饶刚，吉靳刚，等，2003. 藏马鸡分类地位和马鸡属系统进化问题的探讨 ［J］. 动物分类学报，28（2）：173-179.

曹天文，原广华，1990. 褐马鸡羽虱的调查 ［J］. 动物学杂志，25（5）：55.

常崇艳，2003. X 射线衍射对 3 种雉类卵壳晶粒度的研究 ［J］. 北京师范大学学报（自然科学版）（2）：242-245.

陈恩秋，2020. 鸡痘病的流行病学、临床特征、诊断与防控措施 ［J］. 现代畜牧科技（12）：109-110.

陈桂萍，郭书彬，2006. 褐马鸡人工育雏的关键因素 ［J］. 河北林业科技，10（5）：51-54.

陈宏栖，郑光美，1984. 据日本 1953 年版《鸟类观察手册》编译：鸟类的野外遥控摄影与鸣声录音 ［J］. 生物学通报（5）：51-52.

程铁锁，何冰，王宝星，等，2015. 陕西韩城黄龙山褐马鸡食性观察与分析 ［J］. 防护林科技（5）：92-95.

崔治中，崔保安，2005. 兽医免疫学 ［M］. 北京：中国农业出版社.

戴强，张正旺，邱福才，等，2002. 食物因素对笼养褐马鸡冬季打斗行为的影响 ［J］. 生态学杂志，21（1）：23-25.

戴强，张正旺，邱富才，等，2001. 笼养褐马鸡冬季的社群等级 [J]. 动物学研究，22（5）：361-366.

丁长青，郑光美，1996. 黄腹角雉再引入的初步研究 [J]. 动物学报，42（增刊）：69-73.

范世强，王韩妮，薛利民，等，2010. 韩城褐马鸡栖息地特征及其保护对策 [J]. 杨凌职业技术学院学报，9（1）：32-34.

冯宁，杨淑娟，徐振武，等，2007. 褐马鸡地理种群的遗传多样性研究 [J]. 陕西师范大学学报（自然科学版），35（S1）：77-80.

北京动物园，圈养野生动物技术北京市重点实验室，2017. 圈养野生动物技术研究论文集（1999—2016 年）[M]. 北京：中国农业出版社.

付玉明，2008. 褐马鸡保护遗传学研究 [D]. 石家庄：河北师范大学.

盖强，蓝玉田，张兆海，1987. 褐马鸡饲养繁殖的一些资料 [J]. 四川动物，6（3）：39-41.

耿守忠，杨治梅，1998. 新版中国集邮百科知识 [M]. 北京：华夏出版社.

耿守忠，杨治梅，2013. 新版中国集邮百科知识续集 [M]. 北京：华夏出版社.

耿艳杰，2011. 白冠长尾雉等鸟类感染大肠杆菌的诊治 [J]. 经济动物学报，15（2）：85-87.

关志明，2012. 黑茶山自然保护区褐马鸡资源现状及保护对策 [J]. 山西林业，6（221）：34-35.

中国鸟类学会，台北市野鸟学会，中国野生动物保护协会，2000. 芦芽山自然保护区褐马鸡的种群数量及其分布 [C]. 中国鸟类学研究——第四届海峡两岸鸟类学术研究论文集 [M]. 北京：中国林业出版社.

郭子良，李霄宇，崔国发，2013. 自然保护区体系构建方法研究进展 [J]. 生态学杂志，32（8）：2220-2228.

何军，黄洽，1993. 褐马鸡和它的"兄弟"[J]. 野生动物，6（76）：44.

何庆成，2000. RS 和 GIS 技术集成及其应用 [J]. 水文地质工程地质（2）：44-46.

黄杏元，汤勤，1989. 地理信息系统 [M]. 北京：高等教育出版社.

霍占锁，2020. 寄生虫引起圈养褐马鸡腹泻的诊断及治疗 [J]. 饲料博览（3）：12-15.

冀继源，1999. 褐马鸡生活习性观察 [J]. 山西林业，1（137）：23-24.

贾非，吴跃峰，武明录，等，2003. 笼养雌性褐马鸡的静止代谢率（RMR）

［J］. 动物学杂志，38（6）：52-56.

贾生平，党太合，2004. 黄龙山褐马鸡种群保护现状［J］. 中国林业（8A）：27.

菅复春，韩德鹏，张龙现，等，2007. 郑州市动物园鸟类寄生虫感染调查及驱虫试验［J］. 中国畜牧兽医，34（10）：104-106.

姜平，2004. 兽医生物制品学［M］. 2版. 北京：中国农业出版社.

焦广民，2006. 基于3S技术的河北省鹭科鸟类分布格局［D］. 石家庄：河北师范大学.

金继英，由玉岩，2020. 黑鹳饲养管理指南［M］. 北京：中国农业出版社.

金美荣，1991. 高效抗球虫新药——球虫净（尼卡巴嗪）［J］. 山东家禽，1（12）：25-28.

赖荣兴，1986. 关于褐马鸡的史略记载［J］. 野生动物（2）：9-10.

雷初朝，范光丽，张永德，等，2005. 一个人工朱鹮种群的遗传多态性［J］. 动物学报，51（4）：650-656.

雷富民，卢建利，刘耀，等，2002. 中国鸟类特有种及其分布格局［J］. 动物学报，48（5）：599-610.

雷忻，廉振民，2008. 陕西黄龙山褐马鸡生存现状研究［J］. 科技导报，26（14）：58-60.

李承节，刘焕金，冯敬义，1984. 关于褐马鸡的史料记载及其名称考释［J］. 野生动物（3）：12-13.

李迪强，宋延龄，2000. 热点地区与GAP分析研究进展［J］. 生物多样性（8）：208-214.

李迪强，宋延龄，欧阳志云，等，2003. 全国林业系统自然保护区体系规划研究［M］. 北京：中国大地出版社.

李福来，黄世强，1985. 褐马鸡雏鸟的换羽研究［J］. 动物学报，31（3）：290-295.

李福来. 1989. 中国动物园内饲养的鸡类［J］. 动物学杂志，24（5）：41-45.

李宏群，廉振民，2009. 陕西黄龙山自然保护区褐马鸡春夏取食地比较［J］. 西南大学学报（自然科学版），31（11）：1-6.

李宏群，廉振民，2010. 陕西黄龙山自然保护区褐马鸡繁殖早期栖息地选择［J］. 湖南农业大学学报，36（5）：552-555.

李宏群，廉振民，2010. 陕西黄龙山自然保护区褐马鸡营巢生境［J］. 林业科学，46（10）：186-190.

李宏群，廉振民，2011.陕西黄龙山自然保护区褐马鸡冬季集群特征的研究［J］.西南大学学报（自然科学版），33（6）：45-48.

李宏群，廉振民，2011.陕西黄龙山自然保护区褐马鸡秋季觅食地选择［J］.四川师范大学学报（自然科学版），34（2）：245-249.

李宏群，廉振民，陈存根，2009.陕西黄龙山褐马鸡自然保护区鸟类资源调查［J］.四川动物，3（28）：458-461.

李宏群，廉振民，陈存根，2009.陕西黄龙山林区褐马鸡春季夜栖地选择［J］.动物学杂志，44（2）：52-56.

李宏群，廉振民，陈存根，2010.陕西黄龙山自然保护区冬季褐马鸡取食生境的选择［J］.西北师范大学学报（自然科学版），46（3）：94-98.

李宏群，廉振民，陈存根，2010.陕西黄龙山自然保护区褐马鸡冬季栖息地的选择［J］.林业科学，46（6）：102-106.

李宏群，廉振民，陈存根，2010.陕西黄龙山自然保护区褐马鸡夏季沙浴地的选择［J］.西北农林科技大学学报（自然科学版），38（3）：59-64.

李宏群，廉振民，陈存根，2010.陕西黄龙山自然保护区褐马鸡育雏期取食地选择［J］.西南大学学报，32（8）：92-96.

李宏群，廉振民，陈存根，2011.陕西黄龙山自然保护区冬季褐马鸡沙浴地选择［J］.林业科学，47（11）：93-98.

李宏群，廉振民，陈存根，等，2007.陕西黄龙山林区褐马鸡春季觅食地选择［J］.动物学杂志（3）：61-67.

李宏群，廉振民，陈存根，等，2007.陕西黄龙山林区褐马鸡繁殖季节中午卧息地选择［J］.生态学杂志（9）：1402-1406.

李宏群，廉振民，刘晓莉，2009.中国褐马鸡的研究现状及其保护措施［J］.延安大学学报（自然科学版），8（2）：92-96.

李吉利，高文江，武素然，2002.小五台山保护区褐马鸡年活动规律初探［J］.河北林果研究，6（17）：155-158.

李萍，2017.灵空山保护区褐马鸡易危机理及保护措施初探［J］.中国林业产业（2）：267-268.

李萍，2018.灵空山自然保护区野生褐马鸡现状调查分析［J］.山西林业，252（1）：22-23.

李全忠，1981.禽霍乱氢氧化铝菌苗和鸡新城疫弱毒（二系）疫苗对野禽预防注射实验［J］.中国兽医杂志（2）：25-26.

李瑞平，2010. 褐马鸡的生物学特性及保护成效［J］. 河北林业科技（3）：67-68.

李世广，杨向明，周震宇，2012. 中国褐马鸡古考与现状［J］. 科学之友，498（2）：140-141.

李铁，李豁然，刘劲松，2002. 夏季褐马鸡取食、梳羽等行为的初步观察［J］. 高师理科学刊，22（2）：50-52.

李湘涛，2004. 中国雉鸡［M］. 北京：中国林业出版社.

李晓光，2019. 展出动物保育员［M］. 北京：中国建筑工业出版社.

李学友，胡文强，普昌哲，等，2020. 西南纵向岭谷区兽类及雉类红外相机监测平台：方案、进展与前景［J］. 生物多样性，28（9）：1090-1096.

李延清，孙志宏，和正国，等，2005. 褐马鸡的养殖现状及其对策［J］. 延安大学学报（自然科学版），24（2）：66-69.

李延清，孙志宏，和正国，等，2006. 褐马鸡的生活习性和生态调查［J］. 安徽农业科学，34（13）：3064，3094.

李一琳，2016. 基于 GIS 和 MaxEnt 技术的褐马鸡历史分布区变化及保护区 GAP 分析的研究［D］. 北京：北京林业大学.

李一琳，丁长青，2016. 基于 GIS 和 MaxEnt 技术对濒危物种褐马鸡的保护空缺分析［J］. 北京林业大学学报，38（11）：34-41.

梁娟，常泓，朱宏，等，2006. 褐马鸡养殖现状［J］. 中国禽业导刊，1（23）：41.

刘冰许，1992. 褐马鸡的孵化试验［J］. 湖北畜牧兽医（2）：23-25.

刘冰许，徐新杰，1995. 人工饲养褐马鸡的繁殖生物学研究［J］. 四川动物，14（4）：181-182.

刘赫，张成林，李晓光，2019. 圈养野生动物饲料配方指南［M］. 北京：北京林业出版社.

刘怀君，寇卫利，吕旭，等，2021. 基于红外相机监测研究四川米亚罗自然保护区牦牛放牧对鬣羚活动节律的影响［J］. 野生动物学报，42（1）：14-20.

刘焕金，卢欣，1988. 褐马鸡的地理分布、栖息环境及保护［J］. 动物学杂志（5）：33-36.

刘焕金，苏化龙，任建强，1991. 中国雉类-褐马鸡［M］. 北京：中国林业出版社.

刘焕金，苏化龙，申守义，等，1991. 山西庞泉沟自然保护区褐马鸡种群数量特征的研究［J］. 动物学报，37（1）：30-35.

刘军，2001. 人工饲养褐马鸡的繁育技术研究［J］. 湖南环境生物职业技术学院学报，7（4）：43-45.

刘唐美，2006. 园养野生动物寄生虫重复感染原因的调查［J］. 山西科技（3）：106-107.

刘学峰，2016. 川金丝猴饲养管理指南［M］. 北京：中国农业出版社.

刘学英，尚磊，2003. 褐马鸡人工繁育的现状与展望［J］. 中国家禽，25（12）：44-46.

刘作模，1982. 山西省珍贵保护鸟类调查研究［J］. 动物学杂志（5）：11-14.

卢汰春，1991. 中国珍稀濒危野生鸡类［M］. 福州：福建科学技术出版社.

卢汰春，刘如笋，1983. 褐马鸡生态和生物学研究［J］. 动物学报（3）：278- 290.

卢欣，郑光美，顾滨源，1998. 马鸡的分类、分布及演化关系的初步探讨［J］. 动物学报，44（2）：12-18.

马建华，2016. 黑茶山褐马鸡栖息地特征及其保护对策［J］. 山西农经（5）：51.

马玉胜，孟宪生，2001. 高温条件下加喂鲜葱对肉仔鸡的影响［J］. 饲料博览（4）：33.

欧阳志云，张和民，谭迎春，等，1995. 地理信息系统在卧龙自然保护区大熊猫生境评价中的应用研究［J］. 中国生物圈保护区（3）：13-18.

庞新博，刘文新，马建昭，2009. 小五台山褐马鸡人工授精的研究［J］. 河北林业科技，9（增刊）：3-5.

庞新博，马建昭，刘文新，2009. 小五台山褐马鸡繁殖期生境选择主要变量的研究［J］. 河北林业科技，9（增刊）：27-29.

庞新博，马建昭，武素然，2009. 小五台山褐马鸡繁殖期的地形因素研究［J］. 河北林业科技，9（增刊）：17-18.

庞新博，武素然，马建昭，等，2009. 小五台山褐马鸡繁殖期生境植被类型选择研究［J］. 河北林业科技，9（增刊）：35-37.

庞新博，武素然，王建梅，2005. 笼养褐马鸡繁殖行为的观察［J］. 河北林业科技（6）：22-23.

山西省自然保护区管理站，等，1990. 珍禽褐马鸡［M］. 太原：山西科学教育出版社.

石小荣，焦养忠，2010. 韩城褐马鸡保护区晋升国家级 [N]. 渭南日报，
　　12-14 (2).

粟通萍，霍娟，陈光平，等，2017. 野外使用红外热成像仪搜寻鸟巢实验
　　[J]. 动物学杂志，52 (1)：108-114.

尚玉昌，2005. 动物行为学 [M]. 北京：北京大学出版社.

谭玉洁，1994. 人工饲养繁殖褐马鸡 [J]. 大自然 (2)：7.

谭玉洁，张文元，张春颖，1996. 褐马鸡的人工孵化和育雏 [J]. 野生动物
　　(3)：22-25.

唐朝忠，温伟业，等，1991. 八种中药锌铜锰铁的测定分析 [J]. 微量元素
　　(增刊)：88-89.

唐朝忠，温伟业，卫泽珍，等，1998. 动物园中褐马鸡生理生化指标的研
　　究 [J]. 应用与环境生物学报，4 (1)：85-87.

唐朝忠，温伟业，杨爱玲，等，1997. 褐马鸡血液生理生化指标及雏鸟矿
　　物元素含量测定 [J]. 动物学报，43 (1)：49-54.

田秀华，刘铸，何相宝，等，2006. 7 种鹤形目鸟类性别的分子鉴定 [J].
　　动物学杂志，41 (5)：62-67.

万少欣，2012. 生死时速——河北小五台山国家级自然保护区雪后救护褐
　　马鸡纪实 [J]. 河北林业 (11)：21-22.

王兵团，王英民，郭彬，等，1989. 褐马鸡食羽症病因研究 [J]. 畜牧兽医
　　学报 (S1)：123-128.

王兵团，殷国荣，杨建一，1993. 健康和食羽症褐马鸡羽毛中某些元素和
　　氨基酸含量分析 [J]. 畜牧兽医学报，24 (1)：93-96.

王兵团，殷国荣，易厚生，等，1992. 褐马鸡生理常数及某些血液生化指
　　标的研究 [J]. 动物学杂志，27 (3)：33-36.

王冲，刘兴国，黄淑月，2000. 褐马鸡饲料的改进 [J]. 野生动物
　　(1)：29.

王德超，2008. 鸡腺胃糜烂的诊断与治疗 [J]. 养殖技术顾问 (12)：82.

王改芳，赵燕，2011. 庞泉沟野生动物资源调查 [J]. 经济动物学报，15
　　(3)：134-138.

王国玮，2017. 清凉解暑是绿豆 [J]. 保健医苑 (6)：30-33.

王建春，2011. 芦芽山褐马鸡的生存现状及人类活动对其的影响 [J]. 陕西
　　林业科技 (1)：32-35.

王建萍，郭建荣，吴丽荣，等，2005. 山西芦芽山保护区褐马鸡季节性栖

息地选择与植被类型关系 [J]. 动物学报，51（增刊）：16-21.

王俊田，赵文丽，1993. 褐马鸡栖息地的初步观察 [J]. 山西林业科技
（3）：33-35.

王美平，白锦荣，张爱军，等，2018. 小五台山自然保护区珍禽褐马鸡行
为学研究 [J]. 绿色科技（2）：11-12.

王敏，2015. 中国陕西宁陕朱鹮（*Nipponia nippon*）再引入项目效果评估
[D]. 西安：陕西师范大学.

王鹏程，2019. 马鸡属（*Crossoptilon*）物种演化与褐马鸡（*C. mantchuricum*）
保护遗传学研究 [D]. 北京：北京师范大学.

王岐山，1997. 地理信息系统（GIS）支持下丹顶鹤栖息地项目启动 [J].
中国鸟类研究简报，6（2）：8.

王巍，孙磊，杨便伟，等，2015. 红外触发相机在褐马鸡调研方面的应用
[J]. 河北林业（5）：16-17.

王小刚，骆剑，尹绍武，等，2012. 鱼类种质保存研究进展 [J]. 海洋渔
业，34（2）：222-230.

王星卓，庞红伟，1997. 褐马鸡的饲养繁殖 [J]. 畜牧与兽医，29
（3）：113.

王秀辉，安春林，2007. 小五台山自然保护区褐马鸡种群分布研究 [J]. 野
生动物杂志，28（2）：14-16.

王秀磊，李迪强，吴波，等，2005. 青海湖东克图地区普氏原羚生境适宜
性评价 [J]. 生物多样性，13（3）：213-220.

王永斌，张芬玲，张乾功，2008. 陕西延安黄龙山褐马鸡自然保护区综合
价值初探 [J]. 陕西林业科技（2）：78-79.

王玉玲，赵英民，吕怀梅，等，2008. 鸡维生素 B2 缺乏症的诊疗报告 [J].
畜禽业（4）：90.

王振军，2011. 山西黑茶山省级自然保护区褐马鸡资源调查 [J]. 山西林业
科技，1（40）：42-44.

魏明，2009. 珍贵濒危动物褐马鸡 [J]. 科学大观园（15）：6.

温江，1997. 人工饲养褐马鸡的管理和防疫措施 [J]. 野生动物（2）：
22-24.

温江，李江，张波，等，1986. 褐马鸡的有轮赖利绦虫病 [J]. 野生动物
（2）：30-31.

温江，娄凤玲，刘冰，1995. 褐马鸡的骨骼解剖 [J]. 生物学杂志（4）：

24-27.

吴咏蓓，张恩迪，2000. 地理信息系统（GIS）在动物生态学中的应用［J］.生态科学，19（4）：51-56.

武建勇，1998. 人工饲养褐马鸡的主要疾病的初步观察［J］. 山西师大学报（自然科学版），12（2）：64-67.

武建勇，周志连，刘丽琼，等，1996. 庞泉沟自然保护区褐马鸡的家鸡代孵暨育雏初步研究［J］. 山西师大学报（自然科学版），10（3）：35-38.

武玉珍，2014. 褐马鸡遗传多样性及保护［M］. 北京：中国林业出版社.

武玉珍，2008. 濒危鸟类褐马鸡遗传多样性及保护研究［D］. 太原：山西大学.

武玉珍，冯睿芝，2013. 褐马鸡的濒危原因及保护措施［J］. 中国家禽，8（35）：49-50.

武玉珍，冯睿芝，张峰，2015. 基于ISSR分子标记的褐马鸡亲缘关系分析［J］. 生态学报（4）：1059-1067.

武玉珍，冯睿芝，张峰，2013. 珍禽褐马鸡线粒体DNA控制区结构和亲缘关系［J］. 生态学杂志（12）：3243-3249.

武玉珍，冯睿芝，张峰，2014. 褐马鸡不同组织中十种矿物元素的分布研究［J］. 山西大学学报（自然科学版），37（2）：311-315.

武玉珍，王孟本，张峰，2010. 褐马鸡非损伤性取样、微量取样DNA提取的初步研究［J］. 野生动物，31（2）：77-81.

武玉珍，王孟本，张峰，2010. 褐马鸡圈养种群的mtDNA控制区多态性［J］. 生态学报，30（11）：2958-2964.

武玉珍，张峰，王孟本，等，2008. ICP法和原子吸收光谱法测定褐马鸡羽毛中的10种元素［J］. 光谱学与光谱分析，28（3）：675-677.

夏咸柱，高宏伟，华育平，2011. 野生动物疫病学［M］. 北京：高等教育出版社.

肖映珍，鲁清桃，刘毅，等，2001. 长沙动物园野生动物肠道寄生虫的调查［J］. 湖南畜牧兽医（1）：26.

忻富宁，郝敏，2019. 小五台山自然保护区褐马鸡的家鸡代孵及育雏初步研究［J］. 绿色科技（20）：36-38.

邢庆云，1991. 褐马鸡的寄生线虫——等长同刺线虫（Ganguleteraks isolonche）［J］. 动物学杂志，26（6）：40-41.

熊本海，张宏福，2010. 国内外畜禽饲养标准与饲料成分表［M］. 北京：

中国农业科学技术出版社.

徐麟木，1985. 野生禽鸟深部真菌病［J］. 家禽（5）：9-10.

许彬，张金屯，杨洪晓，等，2006. 京西百花山植物群落数量分析［J］. 北京师范大学学报（自然科学版）（1）：90-94.

徐正强，裴恩乐，张峰，2014. 圈养野生动物饲养管理的原理和技术［M］. 上海：上海科学技术出版社. 自然科学版，42（1）：90－94.

许仲林，彭焕华，彭守璋，2015. 物种分布模型的发展及评价方法［J］. 生态学报，35（2）：557-567.

薛德焴，1957. 从褐马鸡阐明鹖冠和花翎的来历——褐马鸡是有民族斗争意义的鸟［J］. 动物学杂志（1）：17-20.

燕海峰，肖兵南，P TREFIL，等，2001. 家禽的性别鉴定方法［J］. 动物学杂志，36（6）：58-61.

杨凤英，王汝清，张军，等，2001. 褐马鸡巢址选择的初步研究［J］. 山西大学学报（自然科学版），24（2）：151-154.

杨宁，2012. 家禽生产学［M］. 2版. 北京：中国农业出版社.

杨月欣，王光亚，潘兴昌，2011. 中国食物成分表［M］. 2版. 北京：北京大学医学出版社.

姚丽，张丽霞，2020. 褐马鸡饲养管理［J］. 饲料博览（9）：38-40.

叶筱，2012. 京剧盔头上为何插翎子［J］. 文史博览（9）：31.

尹峰，张志明，雷永松，等.2015. 野生动物救护技术手册［M］. 北京：中国农业出版社.

尹柞华，刘如笋，1992. 笼养褐马鸡的繁殖行为与雏鸟生长发育［J］. 动物学杂志，27（4）：42-46.

由玉岩，2020. 黑颈鹤饲养管理指南［M］. 北京：中国农业出版社.

约翰·科德，张敬，2016. 中国雉类及繁育技术［M］. 北京：中国社会出版社.

张成林，2016. 动物园兽医工作指南［M］. 北京：中国农业出版社.

张成林，2019. 圈养大熊猫健康管理［M］. 北京：中国农业出版社.

张恩权，李晓阳，古远，2018. 动物园野生动物行为管理［M］. 北京：中国建筑工业出版社.

张恩权，李晓阳，2015. 图解动物园设计［M］. 北京：中国建筑工业出版社.

张凤臣，2007. 陕西黄龙山保护区褐马鸡栖息地特征及保护对策［J］. 中南林业调查规划，26（1）：52-56.

张国钢，张正旺，2001. 山西五鹿山保护区褐马鸡种群密度调查［J］. 动物学杂志，36（3）：57-59.

张国钢，张正旺，杨凤英，等，2010. 山西五鹿山自然保护区褐马鸡栖息地的选择［J］. 林业科学，46（11）：100-103.

张国钢，张正旺，郑光美，2000. 山西五鹿山地区褐马鸡集群行为研究［J］. 北京师范大学学报（自然科学版），36（6）：818-821.

张国钢，张正旺，郑光美，等，2003. 山西五鹿山褐马鸡不同季节的空间分布与栖息地选择研究［J］. 生物多样性，11（4）：303-308.

张国钢，郑光美，张正旺，2004. 山西五台山地区褐马鸡的再引入［J］. 动物学报，50（1）：126-132.

张国钢，郑光美，张正旺，2004. 铁矿开采对褐马鸡种群的影响［J］. 生物多样性，12（3）：319-323.

张国钢，郑光美，张正旺，等，2005. 栖息地特征对褐马鸡种群密度和集群行为的影响［J］. 生物多样性，13（2）：162-167.

张国钢，郑光美，张正旺，等，2005. 山西芦芽山褐马鸡越冬栖息地选择的多尺度研究［J］. 生态学报，25（5）：952-957.

张金国，2006. 初级观赏动物饲养工培训考试教程［M］. 北京：中国林业出版社.

张金国，2006. 高级观赏动物饲养工培训考试教程［M］. 北京：中国林业出版社.

张金国，2006. 中级观赏动物饲养工培训考试教程［M］. 北京：中国林业出版社.

张俊，刘焕金，冯敬义，等，1986. 庞泉沟褐马鸡的数量动态［J］. 野生动物（2）：39-40.

张俊，刘焕金，苏化龙，等，1983. 褐马鸡的数量调查方法［J］. 野生动物（5）：34-35.

张阔玉，郝金义，1996. 褐马鸡［J］. 安徽林业（3）：30.

张丽，朱向博，2019. 褐马鸡组织滴虫病合并应激致死病例分析［J］. 养殖顾问（21）：82-83.

张丽霞，孙冬婷，胡昕，等，2021. 中国圈养褐马鸡种群和饲养管理现状调查［J］. 野生动物学报，42（4）：1123-1130.

张龙胜，1999. 褐马鸡的分布现状［J］. 野生动物，20（2）：18.

张马龙，1998. 诊治褐马鸡组织滴虫病［J］. 中国兽医杂志，24（6）：36-37.

张万佛，1994. 昂头翘尾的褐马鸡［J］. 化石（4）：12.

张晓玲，景慎好，2011. 五鹿山国家级自然保护区生物多样性研究与发展对策［J］. 山西农业科学，39（7）：696-698.

张秀翔，1983. 访褐马鸡之乡——芦芽山［J］. 野生动物（2）：10-12.

张雁云，郑光美，常崇艳，等，2002. 黄腹角雉的人工授精研究［J］. 北京师范大学学报（自然科学版）（1）：117-122.

张轶卓，何绍纯，2019. 动物园环境丰容操作手册［M］. 北京：中国农业出版社.

张占侠，1996. 蓝马鸡、褐马鸡发生大肠杆菌性眼炎的诊治［J］. 畜牧与兽医，28（4）：190.

张兆海，张春花，张宏远，1983. 褐马鸡的就地人工饲养［J］. 野生动物（2）：30-33.

张正旺，1992. 濒危动物的再引入与物种保护［J］. 动物学杂志（6）：37-40.

张正旺，丁长青，丁平，2003. 中国鸡形目鸟类的现状与保护对策［J］. 生物多样性（5）：414-421.

张祝明，曾明华，2005. 鸡球虫耐药性研究进展［J］. 中国兽医寄生虫病，13（2）：29-36.

赵定，吕鑫平，吴勇，等，2021. 四川雪宝顶国家级自然保护区野生鸟兽的红外相机初步监测［J］. 四川动物，40（1）：23-33.

赵洪梅，2008. 鸡球虫病及抗球虫药物的临床应用综述［J］. 养殖与饲料（11）：52-54.

赵青山，楼瑛强，孙悦华，2013. 动物栖息地选择评估的常用统计方法［J］. 动物学杂志，48（5）：732-741.

赵文丽，2011. 褐马鸡天敌的防治措施［J］. 北京农业（15）：88.

赵修雪，2009. 基于现代信息技术的开放式地理教学实践研究［D］. 济南：山东师范大学.

郑斌，陈桂萍，袁新利，等，2015. 小五台山珍稀野生动物褐马鸡栖息地保护方法研究［J］. 河北林业科技（5）：28-29.

郑光美，2015. 中国雉类［M］. 北京：高等教育出版社.

郑建旭，武素然，安春林，2005. 小五台山自然保护区褐马鸡的天敌初探［J］. 河北林业科技，10（5）：20.

中国人民解放军兽医大学，1991. 兽医诊疗技术常规与防疫［M］. 吉林：

吉林科技出版社.

周立志，马勇，李迪强，等，1999. 地理信息系统（GIS）在动物多样性研究中的应用 [J]. 动物学杂志，34（5）：52-56.

朱华，1997. 北京百花山大阴坡植被垂直分带方法的探讨 [J]. 北京林业大学学报，19（4）：59-63.

朱向博，张丽，赵润星，等，2018. 褐马鸡的人工饲养管理 [J]. 中国畜牧业（15）：84-86.

卓秀云，1996. 漫话珍禽褐马鸡 [J]. 云南林业（1）：23.

左闻韵，劳逆，耿玉英，等，2007. 预测物种潜在分布区：比较 SVM 与GARP [J]. 植物生态学报，31（4）：711-719.

BLOCK W M，BRENNAN L A，1993. The habitat concept in ornithology [M]. Current ornithology，Springer.

BROWN J H，LOMOLINO M V，1998. Biogeography [M]. 2 nd ed. Sunderland：Sinauer Associates.

BURLEY F W，1988. Monitoring Biological Diversity for Setting Priorities in Conservation [M]. In：Biodiversity（E. 0. Wilson，Ed.）. National Academy Press，Washington，D. C.

ELITH J，GRAHAM C H，ANDERSON R P，et al.，2006. Novel methods improve prediction of species distributions from occurrence data [J]. Ecography，29（2）：129-151.

FRANKHAM R，2005. Genetics andextinction [J]. Biological Conservation，126（2）：131-140.

GUISAN A，THUILLER W，2005. Predicting species distribution：offering more than simple habitat models CJLfco/ogyLetou，8（9）：993-1009.

IUCN，1995. Guidelines for reintroductions. Annex 6 to the minutes of the 41st meeting of council，Gland. Switzerland.

JENNINGS M D，2000. GAP analysis：Concepts，methods and recent results [J]. Landscape Ecology，15（1）：5-20.

JOHNSGARD P A，1999. Pheasants of the World [M]. 2 nd ed. Oxford：Oxford University Press.

KIMBALL R T，MARY C M S，BRAUN E L，2011. A macroevolutionary perspective on multiple sexual traits in the Phasianidae（Galliformes）[J].

International Journal of Evolutionary Biology, doi: 10. 4061/ 2011/423938.

PETERSON A T, 2003. Projected climate change effects on Rocky Mountain and Great Plains birds: generalities of biodiversity consequences [J]. Global Change Biology, 9 (5): 647-655.

PHILLIPS S J, DUDIK M, ELITH J, et al, 2009. Sample selection bias and presence-only distribution models: implications for background and pseudo-absence data [J]. Ecological Applications, 19 (1): 181-197.

REUNANEN P, NIKULA A, MONKKONEN M, et al, 2002. Predicting Occupancy for the Siberian Flying Squirrel in Old-Growth Forest Patches [J]. Ecological Applications: 1188-1198.

ROBINSON J, ORTEGA D, FAN Z, et al, 2016. Genomic flatlining in the endangered island fox [J]. Current Biology, 26 (9): 1183-1189.

SARA R, LIPOW, KENNETH VANCE-BORLAND J, et al. , 2007. In Situ Gene Conservation of Six Conifers in Western Washington and Oregon [J]. WEST. J. APPL. FOR, 22 (3): 176-188.

SCOTT J M, DAVIS , CSUTI B, et al, 1993. Gap Analysis: A Geographic Approach to Protection of Biological Diversity [J]. Wildlife Monographs, 123: 1-41.

SPILLER. N. , GRAHAME. I. AND WISE, D. R. , 1977. Experiments on the artificial insemination of pheasants at Daws Hall Wildfowl Farm, WPA Journal II , 89-96.

WISE D R, FULLER M K, 1977. Artificial Insemination in the Brown eared Pheasant *Crossoptilon Mantchuricum*, WPA Journal III , 90-95.

WU Y, ROBERT K, COLWELL, et al, 2013. Explaining the species richness of birds along a subtropical elevational gradient in the Hengduan Mountains [J]. Journal of Biogeography, 40 (12): 2310-2323.

ZHOU X, MENG X, LIU Z, et al, 2016. Population genomics reveals low genetic diversity and adaptation to hypoxia in Snub-Nosed Monkeys [J]. Molecular Biology and Evolution, 33 (10): 2670-2681.

附　　录

附录一　褐马鸡体重称量训练案例

此案例引自北京动物园褐马鸡称重训练（冯妍等，2017）。

对于圈养野生动物来说，体重是一个很好地直观了解动物基本情况的指数。动物体重偏高，则需要考虑是否营养过剩或过于肥胖，过于肥胖会影响动物的健康和繁殖；动物体重偏低，则需要考虑是否营养不良，是否有消耗性疾病，采食是否正常。因此，动物的体重对于圈养野生动物管理是一个很重要的信息，通过正强化训练使动物自主上秤完成称重，可使对动物的应激最小化。

一、材料方法

（一）研究对象

北京动物园雉鸡苑饲养的褐马鸡，年龄不详。

（二）训练目标

为了提高动物福利，方便日常体重称量工作，需要以正强化训练对动物进行基础的定位及称重训练。

（三）训练计划

进行脱敏训练，使褐马鸡熟悉饲养员，饲养员进入兽舍后，褐马鸡不会出现逃窜、惊飞等胆怯行为，饲养员在清扫兽舍时能够来回绕行。

引入目标棒，让其熟悉目标棒、响板和食物配对，为动物建立"桥"，同时啄一次目标棒，给响板，给食物。

引入口令，使用目标棒，引导其到达指定位置（上秤），完成给响板，给食物。

可以在饲养员的指挥下熟练完成上秤行为。

训练预计需要 120d。

（四）训练前准备

训练工具：响板、目标棒（不同型号）、奖励食物（花生、面包虫）、电子秤、记录本、笔。

正强化训练方法。

二、结果

（一）训练过程

每天 10：00 喂食前对动物进行训练，每次训练 15～20min（视动物当天状态决定训练时间）。

以面包虫和花生作为食物奖励。训练结束之后做好训练记录。

在饲养员清扫时，动物已能够来回绕行；喂食之前在门口等候，对饲养员不再畏惧。此时引入响板和食物。给一次响板，给一粒花生，重复进行，让动物建立响板食物的桥接。

当桥接建立，巩固好后，引入目标棒。将目标棒放在地上，使用"目标"口令，开始动物对其没反应，将食物放在目标棒旁边，在其要吃的时候将食物拿开。这个过程大约 5d。5d 后，动物开始啄目标棒，给响板，给食物，并配合"目标"口令。

15d 后，动物已经能根据口令，随着目标棒移动，并能到达指定位置。此时开始放入电子秤，给动物几天熟悉的时间，熟悉之后将目标棒移动到电子秤上。根据动物的反应评定训练的效果。经过不断持续强化，动物能上秤，并在上面停留片刻，在其平静状态下测出体重。

（二）训练结果

褐马鸡的定位训练从 6 月 1 日至 9 月 1 日，例行训练 90d（附表 1-1）。

附表 1-1　训练计划与实际完成时间记录 （d）

训练目标	计划时间	实际时间
对饲养员脱敏	1～15	15
建立"桥"	1～30	25

（续）

训练目标	计划时间	实际时间
引入目标棒及口令	1～30	30
完成训练计划	1～20	20

　　正强化训练，不仅方便了日常的饲养工作，也使动物对饲养员产生了信任感，可以亲近饲养员，从而降低了饲养风险，提高了动物福利。训练员一定要有好的训练基础，知道响板该在何时响起，给动物清楚的指令。前期的训练不能换训练员，要在这个指定动作完全完成后才能更换训练员，但要注意的是，口令和给响板的时机要一致，不然动物容易搞混。当动物熟悉这个动作后，要注意是人训练动物，而不能被动物训练。经常在指令还没有出的时候，动物已经做到了这个动作，这时候不应该给食物奖励。动作训练成功后，应时常温习这个动作。另外，因为鸟类的特殊性，训练过程中动作要轻，避免惊扰动物。如果动物因为外界情况注意力难以集中，则应该停止本次训练。训练时长，要根据动物当天的状态来定。

附录二 褐马鸡个体档案记录表

褐马鸡个体档案记录表

所属单位（盖章）：

中 文 名		学　　名	
英 文 名		性　　别	
单位编号		呼　　名	
出生单位 （或野生捕获地）		出生时间 （或野外捕获时间 及估计出生时间）	
母本单位编号		父本单位编号	
母本谱系号		父本谱系号	
标 记 物		标记号码	
标记位置		标记时间	年　月　日
谱 系 号		本单位医疗记录编号	
来源单位		来源时间	
来源性质		来源证明文件	
个体出生、繁殖、产权转移（输出、输入）、合作繁殖、租借、死亡、标本制作、生物材料保存等记录	事件、时间、地点：		
单位饲养社群及社群变化记录			
记 录 表 建立日期	年　月　日	审核员（监督员）	（签字）
记 录 人		监督单位	（盖章）
记 录 表 截止日期	年　月　日		
个体档案附件			

彩图 1　成年褐马鸡（甄　伟　提供）

彩图 2　褐马鸡头部特写（张沛沛　拍摄）

彩图 3　褐马鸡尾羽（甄　伟　提供）

彩图 4　集群的褐马鸡（忻富宁　提供）

彩图 5　秋冬季集群的褐马鸡
（张正旺、王鹏程、伍　洋　提供）

彩图 6　野外抱窝的褐马鸡（张正旺　提供）

彩图 7　褐马鸡在笼舍地面留下的痕迹
（张丽霞　摄影）

彩图 8　笼养条件下褐马鸡在地面休息留下的窝
（张丽霞、皇甫冰　摄影）

彩图 9　褐马鸡小五台山野外生境
（忻富宁　提供）

彩图 10　秋冬季节的褐马鸡
（张正旺、王鹏程、伍　洋　提供）

彩图 11　野外－8℃褐马鸡自由活动
（忻富宁　提供）

彩图 12　野外红外相机拍摄的褐马鸡
（张正旺、王鹏程、伍　洋　提供）

彩图 13　褐马鸡（甄　伟　提供）

彩图 14　蓝马鸡（张沛沛　摄影）

彩图 15　白马鸡（张沛沛　摄影）

彩图 16　藏马鸡（张建志　提供）

彩图 17　褐马鸡对草坪的破坏
（张丽霞　摄影）

彩图 18　褐马鸡对小灌木和乔木的破坏
（张丽霞　摄影）

彩图 19　褐马鸡笼舍山石树木（张丽霞 摄影）

彩图 20　固定栖架（张丽霞 摄影）

彩图 21　可移动栖架（皇甫冰 摄影）

彩图 22　整根树干作栖架
（张丽霞 摄影）

彩图 23　笼舍绿植遮阳（张丽霞 摄影）

彩图 24　竹片遮阳（张丽霞 摄影）

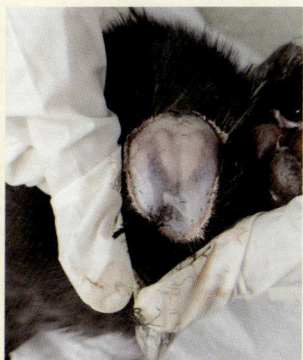

彩图 25　解剖发现褐马鸡
头部受过撞击
（张丽霞、苏琳荣 提供）

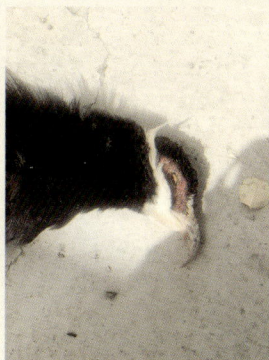

彩图 26　褐马鸡过度
生长的喙
（樊丽萍 摄影）

彩图 27　修剪褐马鸡的喙
（张丽霞、苏琳荣 提供）

彩图 28　躲避设施正面（张丽霞 摄影）

彩图 29　躲避设施侧面
（张丽霞、皇甫冰 提供）

彩图 30　笼养条件下褐马鸡在绿植
　　　　根部做巢
　　　（张丽霞、皇甫冰 提供）

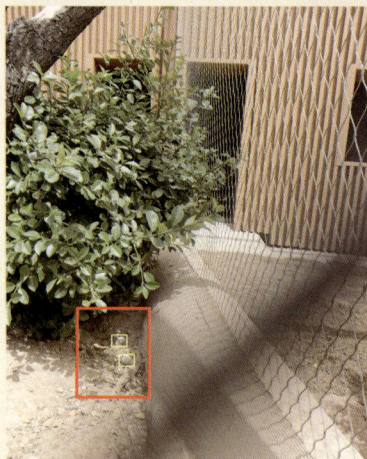

彩图 31　笼养条件下褐马鸡自己选的
　　　　巢址和产的卵
　　　　（张丽霞 摄影）

彩图 32　笼养褐马鸡集群（张丽霞 摄影）

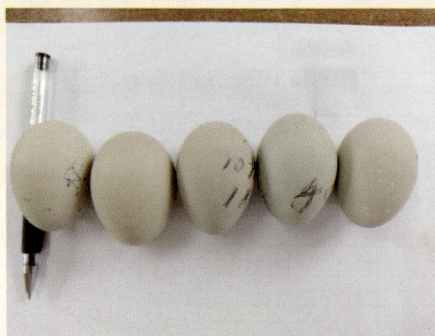

彩图 33　褐马鸡卵（张丽霞 摄影）

彩图 34　不同颜色的褐马鸡卵
　　　　（姚　丽 摄影）

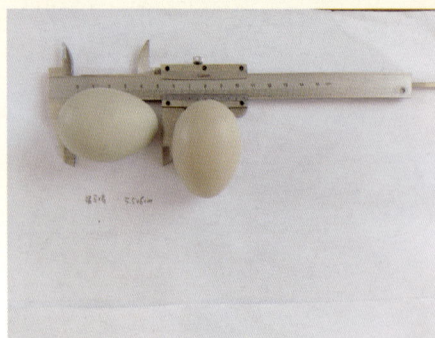

彩图 35　褐马鸡卵尺寸
　　　（姚　丽、张丽霞 提供）

彩图 36 1 日龄褐马鸡与义亲（张丽霞 摄影）

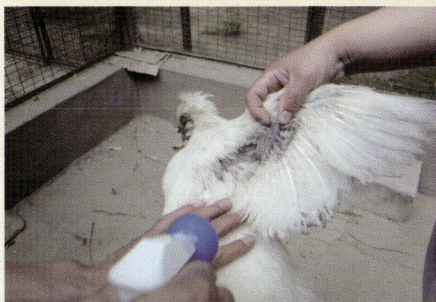

彩图 37 乌鸡除鸡虱（张 敬 摄影）

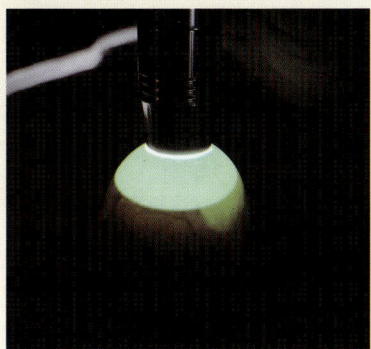

彩图 38 褐马鸡受精卵（张沛沛 摄影）

彩图 39 褐马鸡无精卵（张沛沛 摄影）

彩图 40 家鸡的破壳齿

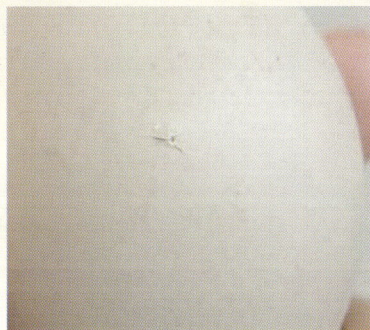

彩图 41 褐马鸡卵被啄破一个小口
（张丽霞 摄影）

彩图 42　雏鸟出壳后的
破碎卵壳
（张丽霞　摄影）

彩图 43　刚出壳羽毛未干
的褐马鸡
（张沛沛　摄影）

彩图 44　1 日龄褐马鸡
（张丽霞　摄影）

彩图 45　6 日龄褐马鸡
（张沛沛　摄影）

彩图 46　14 日龄褐马鸡
（樊丽萍　摄影）

彩图 47　26 日龄褐马鸡
（张丽霞　摄影）

彩图 48　48 日龄褐马鸡
（樊丽萍　摄影）

彩图 49　3 月龄褐马鸡（张丽霞　摄影）

彩图 50　5月龄褐马鸡（张沛沛　摄影）

彩图 51　公母褐马鸡（左母右公）
　　　　（张沛沛　摄影）

彩图 52　褐马鸡左眼失明（张丽霞　摄影）

彩图 53　彩色塑料脚环（黄晓宁　摄影）

彩图 54　铝环（张丽霞　摄影）

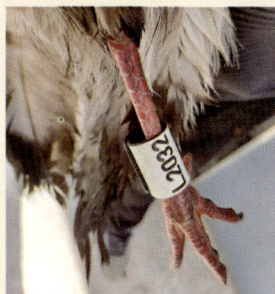  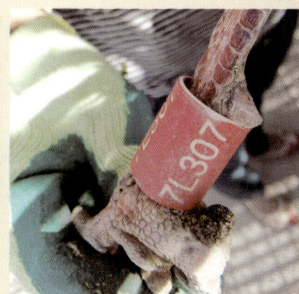

彩图 55　彩色塑料环　　彩图 56　脚环正确佩戴位置　彩图 57　错误的脚环佩戴位置
（张丽霞　摄影）　　　　　（张丽霞　摄影）　　　　　　（张丽霞　摄影）

彩图 58　运输笼箱正面（姚　丽　摄影）　　　彩图 59　运输笼箱背面（姚　丽　摄影）

 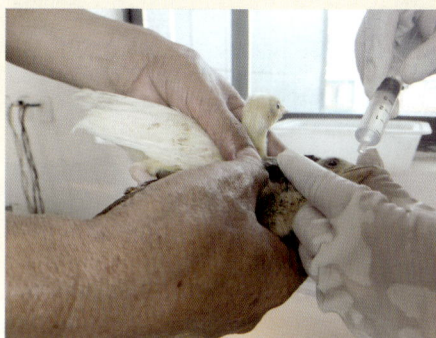

彩图 60　运输时用麻袋片进行遮盖　　　　彩图 61　孔雀雏滴鼻方式
（姚　丽　摄影）　　　　　　　　　（姚　丽　摄影）

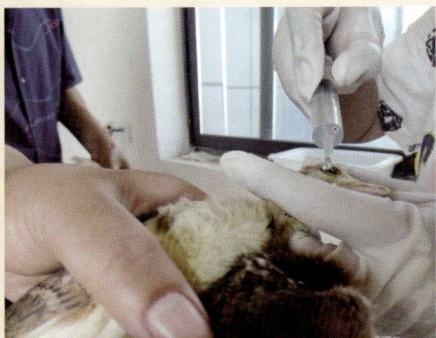

彩图 62　孔雀雏点眼方式（苏琳荣　摄影）

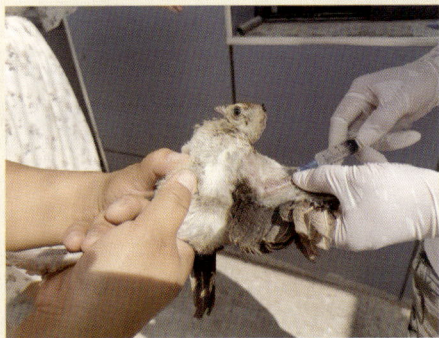

彩图 63　孔雀雏刺种鸡痘（张丽霞　摄影）

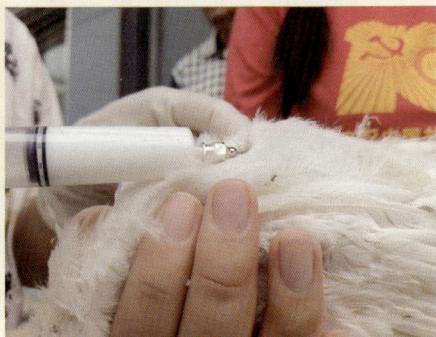

彩图 64　白吐绶鸡胸部肌内注射禽流感
　　　　　疫苗方法
　　　　　（姚　丽、苏琳荣　提供）

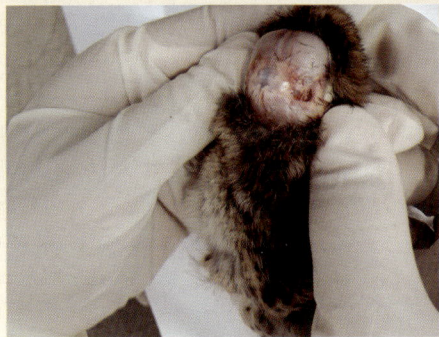

彩图 65　幼龄褐马鸡头部被撞
　　　　　（张丽霞　摄影）

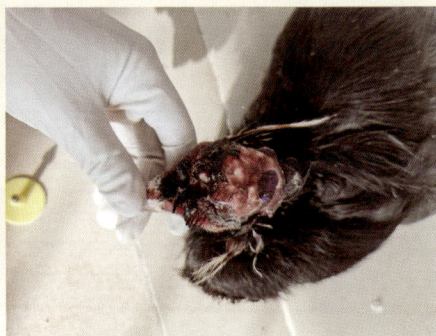

彩图 66　褐马鸡头部被啄伤（苏琳荣　摄影）

彩图 67　翅静脉采血（胡　昕　摄影）

彩图 68　7 日龄褐马鸡掉到下水道箅子下面
（张丽霞　摄影）

彩图 70　褐马鸡造型迎宾花坛
（张丽霞　摄影）

hè mǎ jī
褐马鸡

拉丁名： *Crossoptilon mantchuricum*

分　类： 鸟纲　鸡形目　雉科

习　性： 主要栖息在山地落叶松、次生林为主的林区，集群，日行性。以植物性食物为食，也食少量动物性食物。

繁　殖： 发情期3月；每窝产卵5-8枚；孵化期26天。性成熟1-2岁；圈养寿命20-25岁。

Brown Eared-pheasant

Brown Eared-pheasants are found in mixed coniferous and deciduous forests with an understory of shrubs. Diet includes mostly plant matters, fungus, as well as animal species. They also dig for bulbs, tubers, and other underground vegetative materials.

北京动物园
微信公众号

彩图 69　褐马鸡说明牌（贾　婷　提供）